内容提要

全书共分七章，前六章采用知识问答形式系统介绍了肥料基础知识，大量元素肥料，中微量元素肥料，植物生物刺激素与植物生长调节剂，水肥一体化技术基础，综合知识；第七章介绍了典型作物水肥一体化技术模式。本书将理论与生产实践紧密结合，系统总结了选择肥料与科学施肥的知识。本书适合农业技术推广、农业行政执法、肥料企业、灌溉企业等单位的技术与管理人员及农业种植户阅读，也可供高等农业院校相关专业师生参考。

正确选用肥料与科学施肥知识问答

梁　飞　吴志勇　王　军　主编

中国农业出版社
农村读物出版社
北　京

图书在版编目（CIP）数据

正确选用肥料与科学施肥知识问答 / 梁飞，吴志勇，王军主编．—北京：中国农业出版社，2020.1（2025.3 重印）
ISBN 978-7-109-26470-0

Ⅰ.①正…　Ⅱ.①梁…　②吴…　③王…　Ⅲ.①施肥—问题解答　Ⅳ.①S147.2-44

中国版本图书馆 CIP 数据核字（2020）第 008483 号

中国农业出版社出版
地址：北京市朝阳区麦子店街 18 号楼
邮编：100125
责任编辑：魏兆猛
版式设计：杨　婧　　责任校对：周丽芳
印刷：中农印务有限公司
版次：2020 年 1 月第 1 版
印次：2025 年 3 月北京第 6 次印刷
发行：新华书店北京发行所
开本：880mm×1230mm　1/32
印张：7　　插页：2
字数：180 千字
定价：29.00 元

编　委　会

主　　任　曾胜和　王　琳　陈　云

副 主 任　梁　飞　吴志勇　王　军　王春霞　张　磊

主　　编　梁　飞　吴志勇　王　军

副 主 编　李全胜　王春霞　张　磊　李志强　马　旭　白如霄

参编人员　（按姓氏笔画排序）

丁　峰　卜东升　王国栋　毛鹏志
石　磊　田宇欣　朱拥军　刘　瑜
刘素华　刘晓伟　闫　静　孙玉岩
苏　萍　李　涛　李文昊　李怀胜
肖春鸣　吴　婷　张　静　罗洮峰
高志建　智雪萍　窦宏举　戴昱余

参 编 单 位

新疆农垦科学院
新疆生产建设兵团农业技术推广总站
塔里木大学
石河子大学
新疆农业科学院
新疆生产建设兵团第一师农业科学研究所
新疆生产建设兵团第一师农业技术推广站
新疆生产建设兵团第二师农业科学研究所
新疆生产建设兵团第二师农业技术推广站
新疆生产建设兵团第三师农业科学研究所
新疆生产建设兵团第六师农业技术推广站
新疆生产建设兵团第七师农业科学研究所
新疆生产建设兵团第七师农业技术推广站
石河子农业科学研究院
新疆生产建设兵团第九师农业科学研究所
新疆生产建设兵团第十二师农业科学研究所（农业技术推广站）
新疆生产建设兵团第十三师农业科学研究所（农业技术推广站）
新疆生产建设兵团第十四师农业科学研究所（农业技术推广站）
新疆生产建设兵团第八师炮台土壤改良试验站

前 言 QIANYAN

“有收无收在于水，收多收少在于肥”。肥料是重要的农业生产资料，是作物的“粮食”；施肥是农业增产稳产的重要措施，也是藏粮于地的重要手段。化肥在促进粮食增产和农业生产发展中起了不可替代的作用，但目前也存在化肥过量施用、盲目施用等问题，由此带来农业生产成本的增加和环境污染等；同时由于市场上的肥料种类繁多，肥料厂家的不实宣传时有发生，甚至出现一些不合格肥料产品直接影响农民增产增收的现象。农业是国家的根本，肥料是农业的重中之重，因此，讲好肥料的故事，关系到国家“一控两减三基本”战略的实施，关系到农民朋友的脱贫致富奔小康与建设美丽乡村的总目标。

肥料二字起源于近代，在中国古代文献中常把肥料称为粪，如土粪、皮毛粪等，甚至以植物作肥料也称为粪，野生绿肥称为草粪，栽培绿肥称为苗粪。《孟子》中载有“百亩之田，百亩之粪”，《荀子》中记有“多粪肥田”等，可见秦汉以前肥料已受重视。

现代意义上的肥料，是指用于提供、保持或改善植物营养和土壤物理、化学性能以及生物活性，能提高农产品产量，或改善农产品品质，或增强植物抗逆性的有机、无机、微生物及其混合物料；是农业生产的物质基础之一，更多时候特指化学肥料。化肥不仅涉及粮食安全，更关系到国计民生和社会稳定，其对中华人民共和国成立以来解决吃饭问题发挥着关键的作用。化肥也是一把双刃剑，使用化肥在带来粮食增产增收的同时，不可避免地带来了一系列环境问题。

新疆生产建设兵团（以下简称“兵团”）是全国节水灌溉示范基地、农业机械化推广基地和现代农业示范基地。兵团在戈壁荒滩建起全国最大的节水灌溉基地、全国重要的商品棉生产基地、全国重要的红枣产区，兵团农业一路向前，成为全国农业现代化的排头兵。随着兵团经济的发展和肥料技术的推广应用，兵团化肥需求总量和农业施肥水平出现了不断提高的趋势，有力地推动了农业生产发展。兵团成立初期，化肥用量很少，1954 年全兵团施用化肥只有 600 吨，1960 年化肥平均亩* 用量 2.1 千克；1970 年化肥平均亩用量 13.4 千克，1980 年化肥平均亩用量 26.5 千克，1990 年化肥平均亩用量 60 千克，2000 年化肥平均亩用量 118.6 千克；2015 年兵团农业化肥用量 167 万吨，按播种面积折算，化肥用量 83.5 千克/亩，高于全国平均水平。

过去在开沟灌溉条件下兵团使用的化肥主要是尿素、重过磷酸钙和磷酸二铵等，随着现代农业装备和灌溉设施的发展、科学施肥技术的不断进步，兵团农业用肥逐渐形

* 亩为非法定计量单位，1 亩＝1/15 公顷。——编者注

成滴灌条件下以水溶肥料为主配合作物生育期施用的水肥一体化模式。大量元素水溶肥料、复混（合）肥、配方肥、专用肥、叶面肥、微肥、生物有机肥、有机无机复混肥等肥料充斥着各团场。随着“五统一”的取消，大量肥料企业涌入兵团垦区，在带来许多好产品和好技术的同时，假冒伪劣肥料产品也开始在垦区流通，肥料产品质量参差不齐、肥料名称和养分标识严重不符、产品标识的执行标准错误或者使用过期标准的现象时有发生。

兵团的农业技术培训体系相对完善，团场职工的农业文化水平相对较高，然而我们在团场的调研过程中发现职工群众对肥料选择与施肥知识缺乏系统的认识和了解，广大职工群众选肥、用肥的基本知识较为缺乏，而且目前许多人正渴望着学习与此相关的知识。

为此，我们组织了兵团系统的农业科研单位、推广单位和教学单位的科技人员，根据各方面的有关资料并结合自身体会，用深入浅出的文字，编写了本书。全书共分七章，前六章采用知识问答形式系统介绍了肥料基础知识，大量元素肥料，中微量元素肥料，植物生物刺激素与植物生长调节剂，水肥一体化技术基础，综合知识；第七章介绍了典型作物水肥一体化技术模式。本书将理论与生产实践紧密结合，系统总结了选择肥料与科学施肥的知识。本书适合灌溉企业、肥料企业、农业技术推广等单位的技术与管理人员及种植户阅读，也可供高等农业院校相关专业师生参考。

本书由新疆农垦科学院梁飞统筹编写，兵团农业技术推广总站吴志勇和新疆农垦科学院王军负责全书内容的校订和审核。李全胜、张磊、李志强、马旭、白如霄、王春霞等负责第一章到第六章的统稿与整理；新疆维吾尔自治区（含兵团）系统19家农业科研单位、推广单位和教学单位的33名农业科技人员结合自身实际系统地回答了相关问题。第七章由新疆农垦科学院、石河子大学、塔里木大学和新疆农业科学院相关课题组提供。李全胜、刘瑜和王国栋负责全书的文字校对整理，梁飞对全书做最后的审阅定稿。本书虽然经过多次修改，但由于业务水平有限，疏漏与不足之处在所难免，望读者批评指正。

最后，本书的出版得到了兵团中青年科技创新领军人才计划（2018CB026）、国家重点研发计划课题（2017YFD0201506、2018YFD020040608、2017YFC0404304－04）、兵团科技攻关与成果转化计划项目（2016AC008）、国家自然科学基金资助项目（31460550）、兵团青年科技创新资金专项（2014CB010）等项目资助，特此感谢！

编　者

2019年10月8日

目 录 MULU

第一章　肥料基础知识

1. 什么是肥料?

按照《汉语大字典》定义：肥料是能供给养分使植物发育生长的物质。肥料的种类很多，有无机肥和有机肥。所含的养分主要是氮、磷、钾三种。

按照《中国农业百科全书·农业化学卷》的定义：肥料是为作物直接或间接提供养分的物料。施用肥料能促进作物的生长发育、提高产量、改善品质和提高劳动生产率。有机肥料的施用，还可改良土壤结构，改善作物生长的环境条件，对作物持续、稳定增产起着重要作用。

按照 GB/T 6274—2016《肥料和土壤调理剂术语》的定义：肥料是以提供植物养分为主要功效的物料。通常来讲：肥料是指提供一种或一种以上植物必需的营养元素，改善土壤性质、提高土壤肥力水平的一类物质。

按照我国《肥料登记管理办法》的定义：肥料是指用于提供、保持或改善植物营养和土壤物理、化学性能以及生物活性，能提高农产品产量，或改善农产品品质，或增强植物抗逆性的有机、无机、微生物及其混合物料。

本书所述的肥料，除特殊说明外，均按《肥料登记管理办法》中的肥料定义执行。

2. 肥料从哪里来?

我国应用肥料历史悠久，早在两三千年以前就有了施用有机肥的文字记载，春秋战国时期就有“地可使肥，多粪肥田”“多用兽骨汁和豆萁做肥料”等记载，这足以证明我国使用有机肥的悠久历史。

我国古代农民十分注重肥料技术的开发研究，创造了有机肥料积造腐熟技术等，《齐民要术》中记载了“踏粪法”，明代《宝坻劝农书》中记载了“蒸粪法、煨粪法、酿粪法”等六种积造肥料方法。在过去相当长的一段历史时期内，有机肥料在我国农业生产中占据着绝对的主导地位，并随着我国农业生产的发展而不断地演变。

1809 年，智利发现硝石（硝酸钠），氮肥最早被用于农业；1842 年，英国首先利用硫酸和粪化石生产过磷酸钙，建成了世界上第一个过磷酸钙工厂；1861 年，德国开始利用光卤石生产氯化钾；1913 年，德国用 Haber-Bosch 工艺合成氨，随后开始生产硝酸和硝酸铵；1922 年，尿素在德国开始商业化生产。这些重要节点事件分别揭开了植物营养三要素——氮、磷、钾肥料工业发展的序幕。1901 年化肥由日本传入我国台湾，1905 年传入我国大陆。中华人民共和国成立前，我国只有大连化学厂和南京永利铔厂，产品也只有硫酸铵一种。我国化肥产业是在中华人民共和国成立后，在党和国家大力发展农业的方针指导下迅速发展起来的。我国化肥产业的发展是按照氮肥、磷肥、钾肥、复合（混）肥、水溶肥的次序进行。

肥料从哪里来？肥料来自自然物质循环过程，有来自土壤圈的有机肥等、大气圈的氮肥、海洋圈的海藻酸等、岩石圈的矿物肥料等。因此，肥料无处不在，它是自然循环的一个环节。

3. 常用的肥料有哪些？

肥料是促进农作物生长发育、提高农业生产效益的重要生产资料。面对五花八门、品种繁多的各种肥料，结合自身生产需要，根据肥料种类、特点、成分和功效，选择适宜的肥料，可以说是众多农业生产者的必备知识。肥料有多种分类方法：

（1）按照来源和成分　主要分为有机肥料、无机肥料（化学肥料）和生物肥料。

①有机肥料。主要包括传统有机肥和商品有机肥。传统有机肥主要包括人粪尿、厩肥、家畜粪尿、禽粪、堆沤肥、饼肥、绿肥等。

②无机肥料。常见的无机肥料（化学肥料）主要有单质肥料、复合（混）肥料、缓控释肥料、水溶性肥料等。

③生物肥料。目前在农业生产中应用的生物肥料主要有三大类，即单一生物肥料、复合生物肥料和复混生物肥料。

（2）按照市场状况　主要分为常规肥料和新型肥料。

①常规肥料。包括无机肥料和有机肥料，无机肥料主要包括氮肥、磷肥、钾肥、微肥及复合肥料等；有机肥料一般包括以下六类：粪尿肥、堆沤肥类、泥土类、泥炭类、饼肥类及城市废弃物类。

②新型肥料。一般包括以下几类：微量元素肥料、微生物肥料、氨基酸肥料、腐殖酸肥料、添加剂类肥料、有机水溶肥料、缓控释肥料等。

（3）按含养分多少　可分为单质肥料、复合（混）肥料、完全肥料三种。

（4）按作用　可分为直接肥料、间接肥料、刺激肥料三种。

（5）按肥效快慢　可分为速效肥料、缓效肥料两种。

（6）按形态　可分为固体肥料、液体肥料、气体肥料等。

（7）按作物对营养元素的需要　可分为大量元素肥料、中量元素肥料、微量元素肥料三种。

（8）肥料分级及要求　以有害物质限量指标将肥料划分为生态级、农田级、园林级三个级别。

4. 什么是化肥？

按照《中国大百科全书》定义：化肥为化学肥料的简称，用化学和（或）物理方法人工制成的含有一种或几种农作物生长需要的营养元素的肥料。作物生长所需要的常量营养元素有碳、氢、氧、氮、磷、钾、钙、镁、硫；微量营养元素有硼、铜、铁、锰、钼、锌、氯等。土壤中的常量营养元素氮、磷、钾通常不能满足作物生长的需求，需要施用含氮、磷、钾的化肥来补足。而微量营养元素中除氯在土壤中不缺外，另外几种营养元素则需通过施用微量元素肥料补充。氮肥、磷肥、钾肥是植物需求量较大的化学肥料。

简单讲，化学肥料简称化肥，用化学和（或）物理方法制成的含有一种或几种农作物生长需要的营养元素的肥料，也称无机肥料，包括氮肥、磷肥、钾肥、微肥、复合肥料等，是一类重要的农业生产资料。

它们具有以下一些共同的特点：成分单纯，养分含量高；肥效快，肥劲大；某些肥料有酸碱反应；一般不含有机质，无改土培肥的作用。化学肥料种类较多，性质和施用方法差异较大。只含有一种可标明含量的营养元素的化肥称为单质肥料，如氮肥、磷肥、钾肥以及次要常量元素肥料和微量元素肥料；含有氮、磷、钾三种营养元素中的两种或三种且可标明其含量的化肥，称为复合肥料或混合肥料。

5. 什么是有机肥?

按照《中国大百科全书》定义：有机肥料是指来源于植物或动物，以提供作物养分为主要功效的含碳物料。多数有机肥料兼有改善土壤性质的作用。有机肥料是农业生产的重要组成部分。合理利用有机肥料是降低能耗，培肥地力，增强农业后劲，促进农作物高产稳产，维护农业生态良性循环的有效措施。

按照NY 525—2021《有机肥料》的定义：主要来源于植物和（或）动物，经过发酵腐熟的含碳有机物料，其功能是改善土壤肥力，提供植物营养，提高作物品质的产品，称为有机肥料。其技术指标为有机质含量≥30%，氮、磷、钾养分总含量不少于4%。

按照GB/T 6274—2016《肥料和土壤调理剂术语》的定义：有机肥料主要源于植物或者动物、施于土壤以提供植物营养为主要功效的含碳物料。

简单讲，有机肥料简称有机肥，主要来源于植物和（或）动物，施于土壤可改善土壤肥力、提供植物营养或者提高作物品质的含碳有机物料。有机肥经生物物质、动植物废弃物、植物残体加工而来，消除了其中的有毒有害物质，富含大量有益物质，包含多种有机酸、肽类以及氮、磷、钾等丰富的营养元素。

6. 常见的有机肥料有哪些？

我国有机肥的来源极为丰富，其性质复杂、地区间差异大。有机肥料的分类没有一个统一的标准和严格的分类系统。根据有机肥的来源、特性及积制的方法可分为以下两大类型。

（1）传统有机肥料　指以有机物为主的自然肥料，多是人和动物的粪便以及动植物残体，一般分为农家肥和绿肥两大类。

①农家肥。常见的有厩肥、堆肥、沼气肥和草木灰等。

②绿肥。常见的绿肥作物有紫云英、苕子、肥田萝卜、田菁、苜蓿等。

（2）商品有机肥料　以畜禽粪便、动植物残体、生活垃圾等富含有机质的固体废弃物为主要原料，并添加一定量的其他辅料和发酵菌剂，通过工厂化方式加工生产而成的肥料。根据生产原料的不同，我国商品有机肥料主要包括三大类：① 以集约化养殖畜禽粪便为主要原料加工而成的有机肥料；② 以城乡生活垃圾为主要原料加工而成的有机肥料；③ 以天然有机物料为主要原料，利用泥炭、褐煤、风化煤等经酸或碱等化学处理，并添加一定量的氮、磷、钾或微量元素所制成的肥料。与农家肥相比，商品有机肥料具有养分全面、含量高、质量稳定等特点。

7. 什么是复合肥？

复合肥是指含多种营养元素的农用化肥，主要含氮、磷、钾等多种元素。其主要品种有磷酸铵、硝酸铵等。它的施用量按所含主要成分的折纯量计算得到。

按照 GB 15063—2020《复合肥料》的范围规定：氮、磷、钾三种养分中，至少有两种养分标明量的由化学方法和（或）物理方法制成的肥料；已有国家标准或者行业标准的复合肥料如磷酸一铵、磷酸二铵、硝酸磷肥、农用硝酸钾、磷酸二氢钾、钙镁磷钾肥及有机-无机复混肥料、掺混肥料等执行相应的产品标准；缓释复混肥料同时执行相应标准。

复合肥中的四个基本肥料定义如下：

(1) 复混肥料 指氮、磷、钾三种养分中，至少有两种养分标明量的由化学方法和（或）掺混方法制成。

(2) 复合肥料 指氮、磷、钾三种养分中，至少有两种养分标明量的仅由化学方法制成的肥料，是复混肥料的一种。

(3) 掺混肥料 指氮、磷、钾三种养分中，至少有两种养分标明量的由干混方法制成颗粒状肥料的肥料。

(4) 有机-无机复混肥料 指含有一定量有机质的复混肥料。

8. 什么是水溶肥？

水溶性肥料，简称水溶肥，是一种可以完全溶于水的多元复合肥料。广义上水溶性肥料是指完全、迅速溶于水的大量元素单质水溶性肥料（如尿素、氯化钾等）、水溶性复合肥料（磷酸一铵、磷酸二铵、硝酸钾、磷酸二氢钾等）、农业农村部行业标准规定的水溶性肥料（大量元素水溶肥料、中量元素水溶肥料、微量元素水溶肥料、含氨基酸水溶肥料、含腐殖酸*水溶肥料）和有机水溶肥料等。狭义上水溶性肥料是指完全、迅速溶于水的多元复合肥料或功能型有机复混肥料，特别是农业农村部行业标准规定的水溶性肥料产品。该类水溶性肥料是指专门针对灌溉施肥（滴灌、喷灌、微喷灌等）和叶面施肥而言的高端产品，满足针对性较强的区域和作物的养分需求，需要较强的农化服务技术指导。水溶肥可以含有作物生长所需的氮、磷、钾、钙、镁、硫以及微量元素等全部营养元素，添加的微量元素主要有硼、铁、锌、铜、钼、锰，由于水溶性肥料是根据作物生长的营养需求特点进行科学配方，使得其肥料利用率远远高于常规复合肥。水溶肥主要品种有通用型、高氮型、高磷型、高钾型、硫磷酸铵型、磷酸二氢钾型、硝基磷酸铵型等。水溶肥的制取工艺有物理混配和化学合成两种。

按照 GB/T 6274—2016《肥料和土壤调理剂术语》的定义：

* 为便于读者理解，本书将腐植酸、腐殖酸统一为腐殖酸。

水溶性肥料是指能够完全溶解于水，用于滴灌施肥和喷灌施肥的二元或三元肥料，可添加中量元素、微量元素。

9. 什么是微生物肥料?

按照NY/T 1113—2006《微生物肥料术语》的定义：微生物肥料是指含有特定微生物活体的制品，应用于农业生产，通过其中所含微生物的生命活动，增加植物养分的供应量或促进植物生长，提高产量，改善农产品品质及农业生态环境。目前微生物肥料包括微生物接种剂、复合微生物肥料和生物有机肥三种：①微生物接种剂，指一种或一种以上的目的微生物经工业化生产增殖后直接使用，或经浓缩或经载体吸附而制成的活菌制品；②复合微生物肥料，指目的微生物经工业化生产增殖后与营养物质复合而成的活菌制品；③生物有机肥，指目的微生物经工业化生产增殖后与主要以动植物残体（如畜禽粪便、农作物秸秆等）为来源并经无害化处理的有机物料复合而成的活菌制品。

微生物肥料是活体肥料，它的作用主要靠其含有的大量有益微生物的生命代谢活动来完成。只有当这些有益微生物处于旺盛的繁殖和新陈代谢的情况下，物质转化和有益代谢产物才能不断形成。NY/T 798—2015《复合微生物肥料》有效活菌数要求：液体≥0.5亿/毫升，固体≥0.2亿/克；GB 20287—2006《农用微生物菌剂》，规定其3种剂型的有效活菌数分别为：液体≥2亿/毫升，粉剂≥2亿/克，颗粒≥1亿/克；NY 884—2012《生物有机肥》要求：有效活菌数≥0.2亿/克。因此，微生物肥料中有益微生物的种类、生命活动是否旺盛是其有效性的基础，而不像其他肥料是以氮、磷、钾等主要元素的形式和多少为基础。

10. 什么是缓控释肥料?

缓控释肥料是结合现代植物营养与施肥理论和控制释放高新技术，并考虑作物营养需求规律，采取某种调控机制技术延缓或控制肥料在土壤中的释放期与释放量，使其养分释放模式与作物养分吸收相协调或同步的新型肥料。一般认为，所谓“释放”是指养分由化学物质转变成植物可直接利用的有效形态的过程（如溶解、水解、降解等）。“缓释”是指化学物质养分释放速率远小于速溶性肥料施入土壤后转变为植物有效养分的释放速率。缓释肥料在土壤中能缓慢放出其养分，它对作物具有缓效性或长效性，只能延缓肥料的释放速度，达不到完全控释的目的。缓释肥料的高级形式为控释肥料，它使肥料的养分释放速度与作物需要的养分量一致，使肥料利用率达到最高。广义上来说，控释肥料包括了缓释肥料。控释肥料是以颗粒肥料（单质或复合肥）为核心，表面涂覆一层低水溶性的无机物质或有机聚合物，或者应用化学方法将肥料均匀地融入并分解在聚合物中形成多孔网络体系，根据聚合物的降解情况而促进或延缓养分的释放，使养分的供应能力与作物生长发育的需肥要求协调一致的一种新型肥料。包膜控释肥料是其中最大的一类。

按照HG/T 3931—2007《缓控释肥料》的定义：缓控释肥料是指以各种调控机制使其养分最初释放延缓，延长植物对其有效养分吸收利用的有效期，使其养分按照设定的释放率和释放期缓慢或者控制释放的肥料。其技术要求包括：初期养分释放率≤15%，28天累积养分释放率≤75%，标明养分释放期等。具体技术要求见下表。

项　　目		指标	
		高浓度	中浓度
总养分（$N+P_2O_5+K_2O$）的质量分数（%）	≥	40	30
水溶性磷占有效磷的质量分数（%）	≥	70	50
水分（H_2O）的质量分数（%）	≤	2.0	2.5
粒度（1.00～4.75毫米或3.35～5.60毫米，%）	≥	90	
养分释放期（月）	=	标明值	
初期养分释放率（%）	≤	15	
28天累计养分释放率（%）	≤	75	

（续）

项目		指标	
		高浓度	中浓度
养分释放期的累积养分释放率（%）	≥	80	
中量元素单一养分的质量分数（以单质计，%）	≥	2.0	
微量元素单一养分的质量分数（以单质计，%）	≥	0.02	

注：①三元或二元缓控释肥料的单一养分含量不得低于 4.0%。

②以钙镁磷肥等枸溶性磷肥为基础磷肥并在包装上注明“枸溶性磷”的产品、未标明磷含量的产品、缓控释氮肥以及缓控释钾肥，“水溶性磷占有效磷的质量分数”这一指标不做检验和判定。

③三元或二元缓控释肥料的养分释放率用总氮释放率来表征；对于不含氮的二元缓控释肥料，其养分释放率用钾释放率来表征；缓控释磷肥的养分释放率用磷释放率来表征。

④应以单一数值标注养分释放期，其允许差为 15%。如标明值为 6 个月，累计养分释放率达到 80%的时间允许范围为 6 个月±27 天；如标明值为 3 个月，累计养分释放率达到 80%的时间允许范围为 3 个月±14 天。

⑤包装容器标明含有钙、镁、硫时检测中量元素指标。

⑥包装容器标明含有铜、铁、锰、锌、硼、钼时检测微量元素指标。

⑦除上述指标外，其他指标应符合相应的产品标准的规定，如复混肥料（复合肥料）、掺混肥料中的氯离子含量、尿素中的缩二脲含量等。

11. 什么是叶面肥?

大多数植物都依靠根系吸收养分，但是植物的叶片也能吸收外源物质，叶片在吸收水分的同时能够像根一样把营养物质吸收到植物体中去。叶面施肥是作物吸收养分的一条有效途径，已成为重要的高产栽培管理措施之一。与土壤施肥相比，叶面施肥具有养分吸收快、用量少、利用率高、对土壤污染轻等特点。尤其在作物生长后期，根系活力降低、吸肥能力下降，或在胁迫条件下，如土壤干旱、养分有效性低，通过叶面施肥可以及时补充养分。另外，叶面施肥可以改善农产品品质，如苹果果实内钙含量是影响果实品质的重要因素，通过将钙营养液直接喷施于叶片上，对防治生理性缺钙和提高果实硬度、延长贮藏时间具有良好效果。

按照 GB/T 17419—2018《含有机质叶面肥料》的定义：叶面肥料指经水溶解或稀释，具有良好水溶性的液体或固体肥料。按照 GB/T 6274—2016《肥料和土壤调理剂术语》的定义：叶面肥料指叶面施用并通过叶面吸收其养分的肥料。因此，叶面肥概括起来应该是以叶面吸收为目的，经水溶解或稀释，具有良好水溶性的液体或固体肥料。

12. 什么是生物有机肥？

生物有机肥料是指以畜禽粪便、秸秆、农副产品和食品加工的固体废物有机物料以及城市污泥等为原料，配以多种有益微生物菌剂加工而成的具有一定功能的肥料。有益微生物分为发酵菌和功能菌。发酵菌一般由丝状真菌、芽孢杆菌、放线菌、酵母菌、乳酸菌等组成，它们能在不同温度范围生长繁殖，能加快堆体升温，缩短发酵时间，减少发酵过程中臭气的产生，增加各种生理活性物质的含量，提高生物有机肥的肥效。功能菌一般由解钾菌、解磷菌、固氮菌、光合细菌、假单胞杆菌及链霉菌等组成，它们除了具有解钾、解磷、固氮等作用外，还具有提高植物抗病、抗旱等能力。

按照 NY 884—2012《生物有机肥》的定义：生物有机肥指以特定功能微生物与主要动植物残体（如畜禽粪便、农作物秸秆等）为来源并经无害化处理、腐熟的有机物料复合而成的一类兼具微生物肥料和有机肥效应的肥料。其技术指标要求为：有效活菌数≥0.2 亿/克，有机质（以干基计）≥40.0%，水分含量≤30%，pH5.5～8.5，粪大肠杆菌群数≤100 个/克，蛔虫卵死亡率≥95%，有效期≥6 个月，总砷≤15 毫克/千克，总镉≤3 毫克/千克，总铅≤50 毫克/千克，总铬≤150 毫克/千克，总汞≤2 毫克/千克。

13. 什么是液体肥？

按照 GB/T 6274—2016《肥料和土壤调理剂术语》的定义：液体肥料是指悬浮肥料和溶液肥料的总称。因此，广义上是指液体肥料，包括清液肥、悬浮肥料等水溶性肥料；又包含不溶于水的悬浊液肥，即将不溶于水的物质借助于悬浮剂的作用悬浮于水中制成肥料。狭义的液体肥料是以营养元素作为溶质溶解于水中成为真溶液，或借助于悬浮剂的作用将水溶性的营养成分悬浮于水中成为悬浮液（过饱和溶液）。液体肥料是一种典型的高浓度肥料，外观呈流体状态，一般可分为两大类：

①液体氮肥。由单一氮元素所构成的液体肥料，液体氮肥中使用最多的是液氨，其次是氮溶液和氨水，以及近几年兴起的尿素-硝酸铵溶液。

②液体复肥。包括有两种或两种以上营养元素的溶液或悬浮液。用于生产液体复肥的原料主要有尿素、尿素-硝酸铵、磷酸铵、多磷酸铵、氯化钾、磷酸钾、硫酸钾，有时也使用硼、锌等微量元素，其营养成分一般可达 50%，当浓度较高时会析出沉淀。

14. 什么是有机液体肥？

有机液体肥是在大量元素氮、磷、钾和中微量元素配合的基础上，添加腐殖酸、氨基酸等水溶性有机质组分。因为是液体剂型，所有营养成分均匀分布于液体中，施肥时可有效保证施肥的均匀度，相对于固体水溶性肥料来说，其利用率和有效性更高。有机液体肥中的有机质有利于土壤中有益微生物的定殖和存活，有益微生物的次生代谢物能够促进根系生长发育从而提高作物抗逆性，一般表现在防病促生、抗旱、抗寒等方面，同时随着有机液体肥的长期施用，土壤中的有机质含量逐年增加，耕地质量不断提升，可以形成种养（种地养地）结合的良性循环模式。有机液体肥的大面积推广应用也是节水农业耕地质量提升和优质农业可持续发展的关键一步。

15. 什么是BB肥?

掺混肥料，又称干混肥料，含氮、磷、钾三种营养元素中任何两种或三种的化肥，是以单质肥料或复合肥料为原料，通过简单的机械混合制成，在混合过程中无显著化学反应。由于掺混肥料的英文名称为Bulk Blending Fertilizer，因此也称其为BB肥。

按照GB 21633—2020《掺混肥料（BB肥）》中的定义，掺混肥料：氮、磷、钾三种养分中，至少有两种养分标明量的由干混方法制成的颗粒状肥料，也称BB肥。其技术要求包括：总养分（$N-P_2O_5-K_2O$）质量分数≥35.0%，水溶磷占有效磷的百分率≥60%，中量元素单一养分的质量分数有效钙、镁≥1.0%，总硫质量分数≥2.0%，微量元素单一养分的质量分数≥0.02%；组成产品的单一养分质量分数不得低于4.0%，且单一养分测定值与标明值正负偏差的绝对值不得大于1.5%；以钙镁磷肥等枸溶性磷肥为基础磷肥并在包装容器上注明为“枸溶性磷”，可不控制“水溶磷占有效磷的百分率”指标，若为氮、钾二元肥料，也不控制“水溶磷占有效磷的百分率”指标。

16. 什么是土壤改良剂?

土壤改良剂又称为土壤调理剂，是一种主要用于改良土壤的物理、化学和生物性质，使其更适宜于植物生长，而不是主要提供植物养分的物料。

按照GB/T 6274—2016《肥料和土壤调理剂术语》的定义：土壤调理剂是指加入土壤用于改善土壤物理或化学性质及其生物活性的物料。

土壤改良剂种类繁多，不同的改良剂由于制作原料不同，其作用各不相同，主要表现在以下几个方面：

①改善土壤结构，提高水分入渗速率，增加饱和导水率。有机物土壤改良剂如农家肥、燕麦绿肥、城市污水污泥和无机物土壤改良剂如煤粉灰施入土壤后，能够明显改变土壤团粒结构，增大土壤

孔隙度，减小土壤容重，提高水分入渗速率，增加饱和导水率。

②保蓄水分，减少蒸发，提高土壤有效水含量。有机物复合肥如用麦糠、咖啡渣、锯屑、鸡粪混合的改良剂和无机物改良剂煤粉灰、沸石、膨润土等改良土壤时，由于麦糠、咖啡渣、锯屑等物质可以有效阻止阳光透射，减少水分蒸发，阻止水分过度渗透，保蓄水分，使土壤有效水含量增加。

③增加土壤抗水蚀能力。高分子聚合物土壤改良剂改良土壤时，土壤水稳性团粒含量会有明显增加，使土壤具有良好的孔隙度、持水性和透水性等，透水性增加使土壤利用有效水资源扩大，水土流失相应减少，从而增加土壤抗水蚀能力。

④提高土壤中离子交换率，改良盐碱地，缓冲pH，吸附重金属。无机物土壤改良剂如沸石、膨润土、蛭石、斑脱土施入土壤后，可以有效改善土壤结构，增加土壤中的阳离子，土壤中原有的重金属有些被交换吸附，有些被固定，土壤中的氢离子也由于交换吸附从而降低了浓度。

⑤增加土壤微生物数量和活性，提高酶的活性。土壤中微生物对植物起着非常关键的作用，而微生物靠有机碳才能生长，所以施加有机碳土壤改良剂可以增加土壤微生物数量和活性，提高酶的活性。

⑥提高土壤温度。用沥青乳剂作土壤改良剂可明显提高地温。

⑦减少土壤病害传播。用有机物土壤改良剂改良土壤时可以增加土壤微生物活性和数量及酶的活性从而抑制真菌类、细菌、放线菌活动，使土壤病害传播大大减少。

⑧增加土壤肥力、减少化肥用量。无论是有机土壤改良剂还是无机土壤改良剂，由于它们本身含有大量的微量元素和有机物质，这些物质都是植物生长所必需的。

⑨增加作物产量和提高作物质量。大部分土壤改良剂都可以增加作物产量，提高作物质量主要原因是降低了有毒元素富集。

17. 什么是国家肥料标准体系？

标准体系是一定范围内的标准按其内在联系形成的科学有机整

体。根据《肥料登记管理办法》第十一条“对有国家标准或行业标准，或肥料登记评审委员会建议经农业农村部认定的产品类型，可相应减免田间试验和/或田间示范试验”。第十四条“对经农田长期使用，有国家或行业标准的下列产品免予登记：硫酸铵，尿素，硝酸铵，氰氨化钙，磷酸铵（磷酸一铵、二铵），硝酸磷肥，过磷酸钙，氯化钾，硫酸钾，硝酸钾，氯化铵，碳酸氢铵，钙镁磷肥，磷酸二氢钾，单一微量元素肥，高浓度复合肥”。因此，国家肥料标准体系应该由国家标准和行业标准及地方标准共同组成，即由GB开头的国家标准、NY开头的农业行业标准、HG开头的工业和信息化部或者国家发展和改革委员会标准、DB开头的地方标准及Q开头的企业标准等相关肥料标准共同构成。

另外，对于有国家标准或行业标准的产品，产品的企业标准中各项技术指标，原则上不得低于国家标准或行业标准的要求。企业标准必须经所在地标准化行政主管部门备案。

18. 什么是大量元素水溶肥料？

大量元素水溶肥料，指以大量元素氮、磷、钾为主要成分，并按照适合植物生长所需比例，添加以铜、铁、锰、锌、硼、钼微量元素或钙、镁中量元素制成的液体或固体水溶肥料；是一种可以完全溶于水的多元复合肥料，它能迅速地溶解于水中，更容易被作物吸收，而且其吸收利用率相对较高，可以应用于喷、滴灌等设施农业，实现水肥一体化，达到省水、省肥、省工的效能。现行的产品执行标准为NY1107—2020《大量元素水溶肥料》，该标准规定：固体产品的大量元素含量≥50％，水不溶物含量≤1.0％；液体产品的大量元素含量≥400克/升，水不溶物含量≤10克/升。大量元素水溶肥料中最低单一大量元素含量不低于4.0％或40克/升。

产品应至少包含N、P、K中2种大量元素，各单一大量元素测定值与标明值负偏差的绝对值应不大于1.5％或15克/升；氯离子含量大于30.0％或300g/L的产品，应在包装袋上标明“含氯(高氯)”

19. 什么是中量元素水溶肥料?

中量元素指作物生长过程中需要量次于氮、磷、钾而高于微量元素的营养元素。中量元素一般占作物体干物重的0.1%～1%，通常指钙、镁、硫三种元素。中量元素水溶肥是指由钙、镁、硫中量元素按照适合植物生长所需比例，或添加以适量铜、铁、锰、锌、硼、钼微量元素制成的液体或固体水溶肥料。现行的产品执行标准为NY2266—2012《中量元素水溶肥》。该指标为：液体产品Ca含量≥100克/升，或者Mg含量≥100克/升，或者Ca含量+Mg含量≥100克/升，水不溶物含量≤50克/升；固体产品Ca含量≥10.0%，或者Mg含量≥10.0%，或者Ca含量+Mg含量≥10.0%，水不溶物含量≤5.0%；特别注意硫不计入中量元素含量，仅在标识中标注。若中量元素水溶肥中添加微量元素成分，微量元素含量应不低于0.1%或1克/升，且不高于中量元素含量的10%。

20. 什么是微量元素水溶肥料?

微量元素指自然界广泛存在的含量很低的化学元素；在土壤和植物中，通常把元素含量低且最多不超过0.01%的元素称为微量元素。植物营养中锌、硼、锰、钼、铜、铁、氯、镍8种元素被列入微量元素，我国推广应用的微肥有硼肥、钼肥、锌肥、铜肥、锰肥、铁肥。

微量元素水溶肥料指由铜、铁、锰、锌、硼、钼微量元素按照适合植物生长所需比例制成的液体或固体水溶肥料。现行的产品执行标准为NY1428—2010。该标准规定：固体产品的微量元素含量≥10%，水不溶物含量≤5.0%；液体产品的微量元素含量≥100克/升，水不溶物含量≤50克/升。特别注意，微量元素含量指铜、铁、锰、锌、硼、钼元素含量之和，产品至少包含一种微量元素，含量不低于0.05%或者0.5克/升的单一元素均应计入微量元素含量，其中钼元素含量不高于1.0%或者10克/升（单质含钼微量元素产品除外）。

21. 什么是含腐殖酸水溶肥料?

矿物源腐殖酸是由动植物残体经过微生物分解、转化以及地球化学作用等系列过程形成的，从泥炭、褐煤或风化煤中提取而得的，含苯核、羧基和酚羟基等无定形高分子化合物的混合物。含腐殖酸水溶肥料是一种含腐殖酸类物质的水溶肥料，以适合植物生长所需比例矿物源腐殖酸，添加以适量氮、磷、钾大量元素或铜、铁、锰、锌、硼、钼微量元素制成的液体或固体水溶肥料。现行的产品执行标准为农业行业标准 NY1106—2010。产品标准规定：大量元素型固体产品腐殖酸含量不低于 3%，大量元素含量不低于 20%，水不溶物含量≤5.0%；大量元素型液体产品的腐殖酸含量不低于 30 克/升，大量元素含量不低于 200 克/升，水不溶物含量≤50.0 克/升；含腐殖酸微量元素型固体产品的腐殖酸含量不低于 3%，微量元素含量不低于 6%，水不溶物含量≤5.0%，水分含量≤5.0%。

22. 什么是含氨基酸水溶肥料?

氨基酸是羧酸碳原子上的氢原子被氨基取代后的化合物，氨基酸分子中含有氨基和羧基两种官能团。含氨基酸水溶肥是指以游离氨基酸为主体，按植物生长所需比例，添加以铜、铁、锰、锌、硼、钼微量元素或钙、镁中量元素制成的液体或固体水溶肥料，产品分微量元素型和钙元素型两种类型。产品执行标准为 NY1429—2010。该标准规定：微量元素型含氨基酸水溶肥料的游离氨基酸含量，固体产品和液体产品分别不低于 10%和 100 克/升；其中中量元素≥3.0%或 30 克/升，必须包含一种中量元素，含量不得低于 0.1%或 1 克/升；含氨基酸水溶肥料微量元素含量≥2.0%或 20 克/升，必须包含一种微量元素，含量不得低于 0.05%或 0.5 克/升。

23. 灌溉的理论基础是什么?

水是构成作物有机体的主要成分，水分亏缺比任何其他因素都更能影响作物生长；当发生水分亏缺时，对缺水最敏感的器官细胞的延伸生长减慢，其先后顺序为：生长—蒸腾—光合—运输；若水分亏缺发生在作物生长过程的某些“临界期”，有可能使作物严重减产。为了满足作物生长，补充作物的蒸腾失水及土面蒸发失水，必须源源不断地通过灌溉补充土壤水分。

24. 为什么要施肥?

简单一句话，施肥是作物生长的需要，是为了提高作物产量和品质，增加作物产值。为什么要施肥的核心内涵包括以下两方面内容：

①作物生长的环境要素调控的需要。作物的生长发育及产品器官的形成，一方面取决于植物本身的遗传特性，另一方面取决于外界环境（也称为作物的生长因素或者生活因子）。主要的生长因素包括：温度（空气温度及土壤温度）、光照（光的组成、光照度、光周期）、水分（空气湿度和土壤湿度）、土壤（土壤肥力、化学组成、物理性质及土壤溶液等）、空气（大气及土壤中空气的氧气和二氧化碳含量及有毒气体含量等）。水分和土壤（尤其是土壤肥力）相对容易调整，甚至灌溉和施肥时间、施肥量以及方式直接决定着土壤中的水肥含量。因此，进行作物施肥管理极其重要，其解决了作物生长中养分限制因子。

②作物生长的需要。作物生长过程中为了维持其生命活动，必须从外界环境中吸收其生长发育所需要的养分，其中吸取土壤中的养分是保证植物茁壮生长的条件之一。植物生长不断消耗土壤中养分，所以要经常补充土壤中的养分。补充土壤中的养分，就是要经常施肥。

25. 施肥的理论基础是什么?

作物生长过程中为了维持其生命活动，必须从外界环境中吸收其生长发育所需要的养分，植物体生长所需的化学元素称为营养元素。根系是作物吸收养分的主要器官，也是养分在植物体内运输的重要部位；根系获取土壤中矿质养分的方式主要有截获

（根系生长中遇到养分）、质流（养分随着水分流动到根系附近）、扩散（土壤溶液中的养分离子，随着浓度梯度向根系运移）三种方式。施肥可以增加土壤溶液中的养分浓度，从而直接增加质流和截获的供应量，同时增强养分向根系的扩散势。因此，合理施肥是提高土壤养分供应量、提高作物单产和品质以及扩大物质循环的保证。

26. 作物生长需要哪些营养元素？

植物根据自身的生长发育特征来决定某种元素是否成为其所需，人们将植物体内的元素分为必需元素和非必需元素。按照国际植物营养学会的规定，植物必需元素在生理上应具备 3 个特征：对植物生长或生理代谢有直接作用；缺乏时植物不能正常生长发育；其生理功能不可用其他元素代替。据此，植物必需元素计有 17 种：碳（C）、氢（H）、氧（O）、氮（N）、磷（P）、钾（K）、钙（Ca）、镁（Mg）、硫（S）、铁（Fe）、锰（Mn）、锌（Zn）、铜（Cu）、钼（Mo）、硼（B）、氯（Cl）和镍（Ni），另外 4 种元素钠（Na）、钴（Co）、钒（V）、硅（Si）不是所有作物都必需的，但对某些作物的生长是必需的，缺乏它们也不行。这 17 种必需元素被划分为非矿质和矿质营养元素两大类：

①非矿质营养元素，包括碳（C）、氢（H）、氧（O）。这些养分存在于大气 CO_2 和水中，作物通过光合作用可将 CO_2 和水转化为简单的碳水化合物，进一步生成淀粉、纤维素或生成氨基酸、蛋白质、原生质，还可能生成作物生长所必需的其他物质。

②矿质营养元素，包括来自土壤的 14 种营养元素，人们可以通过施肥来调节控制它们的供应量，这是下文将讨论的重点。根据植物需要量的大小，必需营养元素分为：大量元素包括氮（N）、磷（P）、钾（K）；中量元素有硫（S）、钙（Ca）、镁（Mg）；微量元素是硼（B）、铁（Fe）、铜（Cu）、锌（Zn）、锰（Mn）、钼（Mo）、氯（Cl）、镍（Ni）。它们在作物体中同等重要，缺一不可。无论哪种元素缺乏，都会对作物生长造成危害。同样，某种元素过

量也会对作物生长造成危害。

27. 作物根系如何吸收养分？

根系是植物吸收养分和水分的主要器官，也是养分和水分在作物体内运输的重要部位，它在土壤中能固定植物，保证植物正常受光和生长，并能作为养分的贮藏库。根部可以从土壤溶液中吸收矿物质，也可以吸收被土粒吸附着的矿物质。根部吸收矿物质主要是根尖，其中根毛区吸收离子最活跃，根毛的存在使根部与土壤环境的接触面积大大增加。根系吸收溶液中的矿物质主要经过以下两个步骤：①离子吸附在根系细胞表面，在吸收离子的过程中，同时进行着离子的吸附与解吸附；②离子进入根系内部，吸附在质膜表面的离子经过主动吸收、被动吸收或者胞饮作用等到达质膜内。根也可以利用土壤胶体颗粒表面的吸附态离子，根对吸附态离子的利用方式有两种：一种是通过土壤溶液进行交换，另一种是直接交换或者接触交换。

土壤中养分到达根表有两个途径：一是根对土壤养分的主动截获（根系直接从所接触的土壤中获取养分而不通过运输，所截获的养分实际是根系所占据的土壤容积中的养分，截获量与根表面积和土壤中有效养分的浓度有关）；二是在植物生长与代谢活动（如蒸腾、吸收等）影响下，土体养分向根表的迁移。迁移方式有两种：一是质流：植物的蒸腾作用和根系吸水造成的根表土壤与原土体之间出现明显的水势差，此种压力差导致土壤溶液中的养分随着水流向根表迁移；二是扩散：当根系通过截获和质流作用获得的养分不能满足植物需求时，随着根系不断地吸收养分，根系周围有效养分浓度明显降低，并在根表垂直方向上出现养分浓度梯度，从而引起土体的养分顺着浓度梯度向根表迁移。

综上所述，简单地将根系吸收养分的途径归纳为三个词：遇到（截获）、带到（质流）和要到（扩散）。而影响这一过程的因素包括温度、通气性、光（主要影响蒸腾作用）、养分浓度、酸碱性、离子间相互作用，这些因素均与灌溉和施肥存在着直接或者间接的关系。

28. 作物叶面如何吸收养分?

植物有两张“嘴巴”，根系是它的大嘴巴，叶片是小嘴巴。大多数植物都依靠根系吸收养分，但是植物的叶片也能吸收外源物质，叶片在吸收水分的同时能够像根一样把营养物质吸收到植物体中去。陆生植物可以通过气孔吸收气态养分，如 CO_2、O_2 及 SO_2 等。水生植物的叶片是吸收矿质养分的部位，而陆生植物因叶表皮细胞的外壁上覆盖有蜡质及角质层，对矿质元素的吸收有明显障碍。角质层有微细孔道，也叫外质连丝，是叶片吸收养分的通道。根外营养植物（叶子）能直接吸收和利用有效养分，对养分的利用率较高，并可防止或避免由于土壤对有效养分的固定而降低其有效性。根据这种原理，将不同形态和种类的养分喷施于作物叶片，供植物吸收利用的施肥方式称为根外施肥，也称为叶面施肥。作物叶面施肥具有养分吸收和肥效快，养分利用率高，养分针对性强，易于控制浓度，避免养分固定，减少环境污染，在逆境条件下可减灾抗灾等诸多优点。但是叶面吸收养分穿透率低，吸收数量少，尤其是角质层厚的叶片；叶面施肥肥液易从叶面滴落，喷施养分易被雨水淋失；喷施液在叶面迅速干燥，影响吸收；某些养分（如 Ca）难以从吸收部位向其他部位转移；叶面施肥提供的养分数量有限，不足以满足作物全部需要，特别是氮、磷、钾大量元素；叶面施肥配制不当，易造成叶片烧伤；叶面施肥残效时间短，需多次喷施。

植物大部分营养元素是通过根系吸收的，叶面喷肥只能起补充作用；水肥一体化是作物施肥的最有效的方法，尤其是氮、磷、钾等大量营养元素。但是在植物根系生长不良、根系活力降低、吸收能力减弱或者需要矫治植株某些微量元素缺乏症的时候，需要通过叶面营养来进行补充。另外，在某些元素易被土壤固定、有效性低的情况下需要通过根系施肥与叶面营养相结合的方式进行施用。

29. 什么是同等重要和不可代替律?

植物由水和干物质组成，一般新鲜植物含有75%～95%的水和5%～25%的干物质。干物质燃烧后残留下来的部分称为灰分。经检测，灰分含有70多种元素。植物根据自身的生长发育特征来决定某种元素是否成为其所需，人们将植物体内的元素分为必需元素和非必需元素。按照国际植物营养学会的规定，植物必需元素在生理上应具备3个特征：对植物生长或生理代谢有直接作用；缺乏时植物不能正常生长发育；其生理功能不可用其他元素代替。据此，植物必需元素计有17种：碳（C）、氢（H）、氧（O）、氮（N）、磷（P）、钾（K）、钙（Ca）、镁（Mg）、硫（S）、铁（Fe）、锰（Mn）、锌（Zn）、铜（Cu）、钼（Mo）、硼（B）、氯（Cl）和镍（Ni），另外4种元素钠（Na）、钴（Co）、钒（V）、硅（Si）不是所有作物都必需的，但对某些作物的生长是必需的，缺乏它们也不行。

17种营养元素在作物体中同等重要，缺一不可。这就是所有作物必需元素都是不可替代的、同等重要的。植物的必需营养元素含量虽然悬殊，但具有同等重要的作用，如碳、氢、氧、氮、磷、钾、硫等元素是组成碳水化合物的基本元素，是构成脂肪、蛋白质和核酸的成分，也是构成植物体的基本物质；铁、镁、锰、铜、钼、硼等元素是构成各种酶的成分；钾、钙、氯等元素是维持植物生命活动所必需的。这些元素在植物生长发育中是同等重要的。

无论哪种元素缺乏，都会对作物生长造成危害。同样，某种元素过量也会对作物生长造成危害。

30. 什么是营养元素的相互作用?

营养元素的相互作用指营养元素在土壤中或植物中产生相互的影响，或者一种元素在与第二种元素以不同水平相混合施用时所产生的不同效应。这种相互作用在大量元素之间、微量元素之间，以及微量元素与大量元素之间均有发生；可以在土壤中发生，也可以在植物体内发生。

由于这些相互作用改变了土壤和植物的营养状况，从而调节土壤和植物的功能，影响植物的生长和发育。这些养分离子间的相互作用对根系吸收养分的影响极其复杂，主要有营养元素间的拮抗作用和协同作用。

31. 什么是养分补偿学说？

由于人类在土地上种植作物并把产物拿走，就必然会使地力逐渐下降，从而导致土壤所含的养分越来越少。因此，要恢复地力就必须归还从土壤中带走的养分，不然，就难以指望再获得过去那样高的作物产量，为了增加产量就应该向土壤中施加养分。

这一学说是19世纪德国杰出的化学家李比希提出的，也叫养分补偿学说。其主要论点：作物从土壤中带走养分，土壤中的养分将越来越少，因此，要恢复地力就应该向土壤施加养分，归还从土壤中带走的养分，不然产量就会下降。

32. 什么是最小养分律？

作物产量受土壤中相对含量最少的养分所控制，作物产量的高低则随最小养分补充量的多少而变化。1843年，李比希在其所著的《化学在农业和生理上的应用》一书中提出了"最小养分律"。

这一理论认为：作物产量主要受土壤中相对含量最少的养分所控制，作物产量的高低主要取决于最小养分补充的程度，最小养分是限制作物产量的主要因子，如不补充最小养分，其他养分投入再多也无法提高作物产量。例如，氮供给不充足时，即使多施磷和其他肥料，作物产量仍不会增加。

我国农业生产中最小养分的变化趋势如下：

① 20世纪50年代，我国农田土壤普遍缺氮；② 60年代，磷成为限制作物产量提高最小养分；③ 70年代，土壤中钾的耗竭加剧，我国长江以南钾成为最小养分；④ 80年代以后，土壤中微量

元素的缺乏严重阻碍作物产量的提高，微量元素成为最小养分，其中缺乏面积较大的微量元素主要是锌、硼、钼。

33. 什么是报酬递减律？

报酬递减律原为一个经济定律，早在18世纪后期，首先由欧洲的经济学家杜尔哥（Turgot）和安德森（Anderson）同时提出的。由于它正确地反映了在技术条件不变的前提下，投入与产出之间的关系，因而作为经济学上一个基本法则，在工业、农业及牧业生产中得到广泛的应用。

报酬递减律的含义："从一定的土地上所得到的收获，虽是根据在该土地上所投入劳力和资本数量的增大而增加，但达到一定限度后，随着单位劳力和资本的再增加而报酬的增加却在逐渐减少"。

根据肥料学中报酬递减律的定义：当某种养分不足成为进一步提高产量的限制因子时，合理施用肥料，尤其是施用化肥，就可以显著提高作物的产量。但是当施肥量超过一定用量时，单位施肥量增加的产量有下降的趋势。

根据作物产量与施肥量之间的关系，在连续递增施肥剂量的情况下，会出现直线、曲线和抛物线三种肥料效应模式；在其他技术条件不变的前提下，随着施肥量的递增达到一定数量以后，必然会出现报酬递减现象。

（1）当施肥量较低时，作物产量与施肥量呈近似直线而不是简单的直线关系。

（2）当施肥量在一定的适量范围内，作物产量与施肥量之间的关系不是呈简单的直线关系，而是按米氏方程式所表示的曲线关系。

（3）当施肥量超过适量范围时候，原来对作物增加有利的因素，就可能转化为有害因素。在这种情况下，增施肥料不仅不能增加产量，相反，还会降低产量。基于这种关系，费弗尔提出了表示肥料效应全过程的抛物线模式。

34. 什么是作物养分需求规律？

作物养分需求规律（也称需肥规律）是指农作物不同生育时期对氮、磷、钾等各种营养元素的吸收特征，不同农作物的养分吸收规律不尽相同，且同一作物各生育时期对不同养分元素的吸收量也不相同。通常，大田作物养分需求规律的确定需在充足养分供应条件下，在各时期采集作物植株样品，分析植株体内氮、磷、钾含量进行确定。目前，各种农作物的需肥规律基本上均有数据资料可以查询，主要农作物的需肥规律如下：

（1）小麦需肥规律　冬小麦营养生长阶段包括出苗、分蘖、越冬、返青、起身、拔节；生殖生长阶段包括孕穗、抽穗、开花、灌浆、成熟。冬小麦返青以后吸收养分速度增加，从拔节至抽穗是吸收和积累干物质最快的时期。氮素吸收的最高峰是从拔节到孕穗，开花以后，对养分的吸收率逐渐下降。冬小麦是越冬作物，如在苗期根系弱时遇干旱和严寒，土壤供磷和作物吸收能力会大幅下降，影响麦苗返青和分蘖，此时再追施磷肥也很难补救，所以应在苗期，即磷素营养临界期，施足磷肥尤其重要。一般每生产麦粒1 000千克，需吸收氮（N）26～30千克、磷（P_2O_5）10～14千克、钾（K_2O）20～26千克，N∶P_2O_5∶K_2O平均为2.8∶1.2∶2.3，即1∶0.4∶0.8。

（2）玉米需肥规律　每生产1 000千克玉米籽粒，春玉米氮、磷、钾的吸收比例约为1∶0.3∶1.5，吸收氮（N）35～40千克、磷（P_2O_5）12～14千克、钾（K_2O）50～60千克。夏玉米氮、磷、钾的吸收比例为1∶（0.4～0.5）∶（1.3～1.5），吸收氮（N）25～27千克、磷（P_2O_5）11～14千克、钾（K_2O）37～42千克。一般春玉米苗期（拔节前）吸氮仅占总量的2.2%，中期（拔节至抽穗开花）占51.2%，后期（抽穗后）占46.6%；春玉米吸磷，苗期占总量的1.1%，中期占63.9%，后期占35.0%；玉米对钾的吸收，春、夏玉米均在拔节后迅速增加，且在开花期达到峰值，吸收速率大，容易导致供钾不足，出现缺钾症状。玉米对锌敏感，适量的锌可提高产量。

（3）棉花需肥规律 棉花每形成1 000千克皮棉，约需要吸收氮（N）133.5千克、磷（P_2O_5）46.5千克、钾（K_2O）133.5千克；每生产1 000千克籽棉需吸收氮（N）50千克、磷（P_2O_5）18千克、钾（K_2O）40千克，其吸收比例为1∶0.36∶0.8。棉花在苗期，吸收氮5%、磷3%、钾3%；现蕾期到初花期，吸收氮11%、磷7%、钾9%；从初花期到盛花期，吸收氮56%、磷24%、钾36%；盛花期到始絮期，吸收氮23%、磷52%、钾42%；吐絮后，吸收氮5%、磷14%、钾10%。

（4）水稻需肥规律 每形成1 000千克稻谷，需要吸收硅（Si）175～200千克、氮（N）16～25千克、磷（P_2O_5）6～13千克、钾（K_2O）14～31千克。吸收氮、磷、钾的比例约为1∶0.5∶1.2。杂交水稻的吸钾量一般高于普通水稻。水稻不同生育时期的吸肥规律：分蘖期吸收养分较少，幼穗分化到抽穗期是吸收养分最多和吸收强度最大的时期；抽穗以后一直到成熟，养分吸收量明显减少。

35. 什么是肥料利用率？

肥料利用率是指植物吸收来自所施肥料的养分占所施肥料养分总量的百分率，随作物种类、肥料品种、土壤类型、气候条件、栽培管理以及施肥技术等因素的变化而发生变化。

国内外评价作物肥料利用率的指标有多种。概括起来可分为两类：吸收效率和生产效率。传统的肥料利用率（NUE），指作物吸收的肥料养分占所施肥料的百分率，也常被称作肥料吸收利用率或回收率（RE），这一类称作吸收效率。肥料利用率不包括肥料的损失和残留在土壤中的部分，也仅局限于肥料施入后的当季利用率；肥料的生产效率则注意到了肥料吸收后的物质生产效率及向经济器官（如籽粒）的分配情况，如氮生产力（NP）指作物籽粒产量与施氮量的比值。

常用的评价肥料利用率的指标有以下四个：

（1）肥料的偏生产力　指作物籽粒产量与投入肥料的比值。

（2）肥料的农学效率　指单位施肥量对作物籽粒产量增加的反映。

（3）肥料的吸收效率　这一指标与国内的定义相同，是评价作物对肥料吸收的一个重要指标，反映作物对土壤中养分的回收效率。

（4）肥料的生理利用率　指作物地上部吸收每千克肥料中的氮所获取籽粒产量的增量，反映了作物在吸收同等数量氮素时所获得经济产量的效果。这些指标从不同侧面描述了作物对肥料的利用情况。

测定肥料利用率（REN）的方法有两种，同位素示踪法和差值法。差减法肥料利用率（%）＝（施肥区作物吸肥量－不施肥区作物吸肥量）/施肥量×100%；示踪法肥料利用率（%）＝施肥区作物吸收肥料养分/施肥量×100%。一般来说，用示踪法计算的肥料利用率比用差减法的低，这是由于差减法还包括了作物因施肥多吸收的土壤养分。

36. 影响肥料利用率的因素有哪些?

为实现粮食作物的持续增产，施肥是提高作物产量的重要手段，但肥料的不合理施用也造成了养分利用率低、损失严重、污染环境等不利后果。影响肥料利用率的重要因素有：①土壤类型、性质、酸碱度等；②气候条件；③作物的种类、品种和生育时期；④肥料的种类、性质等；⑤施肥方法和其他技术措施的配合等。

（1）土壤性质　不同土壤类型及其土壤物理性质和化学性质的差异，对肥料的转化、土壤残留以及损失等均有很大影响。背景养分含量高的土壤在休耕期将会有更多的养分损失进入环境。另外，还有土壤有机质含量、酸碱度、土壤水分、土壤通气状况、土壤温度、土壤结构、阳离子代换量、氧化还原状态和土壤微生物的活动也对养分利用率有重要影响。

（2）气候条件　养分利用率除了因土、肥、作物不同而各异外，还受到不同年份季节和气候条件，如光照、降雨等要素的影响。同一地点不同季节或不同年际间测得的结果变异很大，如降雨集中会使施入的氮素肥料因作物不能及时吸收而可能以 NO_3^- 的形式流失掉。

（3）作物种类与农艺操作　不同作物的肥料利用率不同，不同的作物有不同的施肥量，确定施肥量应该充分考虑作物产量、肥料利用率、产量水平及气候条件等多种栽培因素。研究发现，C4 作物比 C3 作物具有较高的氮肥利用率。另外，同种作物内不同基因型间肥料利用率也有差异。根据不同生态区的特点调整作物的种类与布局，进行合理的间、套、轮作等措施有助于提高养分利用率。

（4）肥料品种的差异　肥料释放养分的时间和强度与作物需求之间的不平衡是导致化肥利用率低的原因之一。肥料的成分不同，在作物成长过程中发挥的作用也完全不同，单质肥料中，不同形态的肥料，适合的作物、施肥时间等也不同；不同产地、生产工艺的单质肥料，其纯度不同，杂质含量各异，其使用效果也存在很大差异。比如研究表明，对于水稻和麦类作物来说，化学性质稳定的氮肥（尿素、硫酸铵），其肥料利用率一般比化学性质不稳定的碳酸氢铵要高。

（5）施肥管理　施肥量是施肥技术的核心也是影响氮肥利用率的首要因素。一般来说，在一定的施肥量范围内，随着施肥量的增加，作物产量增加，肥料利用率显著降低。施肥时期也和施肥量一样是养分管理中提高养分利用率的核心问题。由于作物对养分吸收的阶段性差异导致作物在不同的生长发育阶段的养分利用率不同。所以我们就要选择适宜的时期施肥，以获得最佳养分利用率。造成阶段性差异有外源因素和内源因素。外源因素取决于生长发育条件，包括水分和养分供应引起的生长状况的改变。内源因素则是其生长发育的需求。作物苗期一般有一定时间的缓慢生长阶段，有限的生长速率既限制了水分的效果，也限制了养分的作用。

37. 什么是百千克籽粒养分需求量?

百千克籽粒养分需求量指农作物每生产100千克籽粒所吸收的氮、磷、钾等矿质营养元素的数量及比例，即作物每生产单位经济产量从土壤中所吸收的养分量，应用时常借鉴已有的数据，如《肥料手册》及其他文献。由于作物品种不同、施肥与否、耕作栽培和环境条件的差异，因此，同一作物所需养分量并不是恒值且差异颇大。主要农作物的百千克籽粒养分需求量如下表所示：

主要作物百千克产量所吸收氮、磷、钾养分量（千克）

作物	氮 (N)	磷 (P_2O_5)	钾 (K_2O)	作物	氮 (N)	磷 (P_2O_5)	钾 (K_2O)
冬小麦	3.00	1.25	2.50	卷心菜	0.41	0.05	0.38
春小麦	3.00	1.00	2.50	胡萝卜	0.31	0.10	0.50
大 麦	2.70	0.90	2.20	茄 子	0.33	0.10	0.51
荞 麦	3.30	1.60	4.30	番 茄	0.45	0.15	0.52
玉 米	2.68	1.13	2.36	黄 瓜	0.40	0.35	0.55
油 菜	5.80	2.50	4.30	萝 卜	0.60	0.31	0.50
谷 子	2.50	1.25	1.75	洋 葱	0.27	0.12	0.23
高 粱	2.60	1.30	3.00	芹 菜	0.16	0.08	0.42
水 稻	2.10	1.25	3.13	菠 菜	0.36	0.18	0.52
棉 花	5.00	1.80	4.00	甘 蔗	0.19	0.07	0.30
烟 草	4.10	1.00	6.00	大 葱	0.30	0.12	0.40
芝 麻	8.23	2.07	4.41	苹 果	0.30	0.08	0.32
花 生	6.80	1.30	3.80	梨	0.47	0.23	0.48
大 豆	7.20	1.80	4.00	柿	0.54	0.14	0.59
甘 薯	0.35	0.18	0.55	桃	0.45	0.25	0.70
马铃薯	0.50	0.20	1.06	葡 萄	0.55	0.32	0.78
甜 菜	0.40	0.15	0.60	西 瓜	0.25	0.02	0.29

注：块根、茎根为鲜重，籽粒为风干重。

第二章　大量元素肥料

38. 什么是大量元素？

按照《中国百科大辞典》的定义：大量元素又称“常量营养元素”，指植物生活不能缺少且需要量较多的一些元素，如碳、氢、氧、氮、磷、钾、硫、钙、镁等。碳、氢、氧来自水分和空气，其他来自土壤。

在植物营养学中，大量元素是指植物正常生长发育需要量或含量较大的必需营养元素。一般指碳、氢、氧、氮、磷和钾 6 种元素。

按照 GB/T 6274—2016《肥料和土壤调理剂术语》的定义：大量元素是对元素氮、磷、钾的通称。因此，全书除特殊说明外，大量元素均指氮、磷、钾。

39. 为什么通常把氮、磷、钾称为“肥料三要素”？

按照《农业大词典》的定义：肥料三要素又称植物营养三要素，即植物所必需的氮、磷、钾三种营养元素。植物在生长发育过程中，对上述养分的需要量较多，而一般土壤可供给的这些有效养分含量常常不足。为确保植物正常生长发育，以获得一定的产量和质量，必须以肥料的形式向土壤补充三要素。

按照《地学辞典》的定义：肥料三要素指氮素、磷素和钾素。这三种元素，作物生长发育过程中需要较多，而一般土壤供应不足（特别是氮），常需施肥补给。

因此，氮、磷、钾作物需要较多，而土壤中含量却较少，要用肥料补充。通常把氮、磷、钾称为“肥料三要素”。

40. 常见的氮肥有哪些类型?

氮是植物体内许多重要有机化合物的重要组分，土壤中能够为作物提供氮源的主要氮肥形态分为铵态氮、硝态氮、酰胺态氮，这几种氮源均为速效氮肥，酰胺态氮在土壤中经过微生物作用转化为铵态氮或硝态氮后为作物生长提供氮营养。目前主要的氮肥包括：①铵态氮肥——碳酸氢铵（NH_4HCO_3）、硫酸铵［（NH_4）$_2SO_4$］、氯化铵（NH_4Cl）、氨水（$NH_3 \cdot H_2O$）、液氨（NH_3）等；②硝态氮肥——硝酸钠（$NaNO_3$）、硝酸钙［Ca（NO_3）$_2$］、硝酸铵（NH_4NO_3）等；③酰胺态氮肥——尿素［CO（NH_2）$_2$］，是固体氮肥中含氮最高的肥料；④尿素-硝酸铵溶液、脲铵氮肥及磷酸一铵、磷酸脲等氮、磷二元肥和硝酸钾等氮、钾二元肥。

按照 NY/T 1105—2006《肥料合理使用准则　氮肥》中的分类，氮肥分为：铵态氮肥、硝态氮肥、硝铵态氮肥、酰胺态氮肥。

41. 氮肥对作物生长有哪些影响?

氮素是作物营养的三大矿质元素之一，是作物体内蛋白质、核酸、酶、叶绿素等以及许多内源激素或其前体物质的组成部分，因此氮素对作物的生理代谢和生长发育有重要作用。

氮素是影响作物生物产量的首要养分因素，也是叶绿素的主要组成成分之一，因其可延长作物光合作用持续期、延缓叶片衰老、有利于作物抗倒伏，最终会增加作物干物质的积累。施用氮肥有利于作物地上部的生长，植株的株高、茎粗、叶片数、叶面积和生物量等生物学性状均明显增加。但随着施氮量的增加，各生长指标均呈现出先增加后轻微减少的趋势。根系是作物吸收水分和养分的主要器官，也是合成氨基酸和多种植物激素的重要场所。氮的合理施用可有效增加作物的根长、根表面积、根体积及地下生物量，促进根系的生长发育，增强其对养分的吸收能力，从而促进作物地上部的生长发育；但是过量施用氮会导致作物的总根长和根系生物量的下降，抑制根系生长。氮肥施用不足是造成作物产量减少和穗粒数下降的主要原因之一。在一定范围内，施氮会明显增加农作物的单位面积有效穗数、穗粒数、穗长、穗粗、千粒重和产量，但施氮量过高，作物的结实率和千粒重就会下降，产量和氮肥利用率也会下降。

在实际生产中，经常会遇到农作物氮营养不足或过量的情况，氮营养不足的一般表现：植株矮小，细弱；叶呈黄绿、黄橙等非正常绿色，基部叶片逐渐干燥枯萎；根系分枝少；禾谷类作物的分蘖显著减少，甚至不分蘖，幼穗分化差，分枝少，穗形小，作物显著早衰并早熟，产量降低。

农作物氮营养过量的一般表现：生长过于繁茂，腋芽不断出现，分蘖往往过多，妨碍生殖器官的正常发育，导致推迟成熟，叶呈浓绿色，茎叶柔嫩多汁，体内可溶性非蛋白态氮含量过高，易遭病虫危害，容易倒伏。禾谷类作物的谷粒不饱满（千粒重低），秕粒多；棉花烂铃增加，铃壳厚，棉纤维品质降低；甘蔗含糖率降低；薯类薯块变小；豆科作物枝叶繁茂，结荚少，作物产量降低。

42. 作物缺氮的症状是什么？

氮是蛋白的主要成分，是植物生命活动的基础。当作物因氮肥缺乏造成缺氮时，其主要症状是植株生长受抑制，植株矮小、瘦弱。特别是地上部分，所受的影响比地下部分更明显。从叶片看，作物缺氮时，表现为又薄又小，整个叶片显黄绿色，严重时下部老叶几乎显黄色，甚至干枯死亡。从根茎看，作物缺氮时，表现为茎弱细，多木质；根则生长受抑制，较细小。此外，作物缺氮时，还表现出分蘖少或分枝少，花、果、穗生育迟缓，不正常早熟，种子少而小，千粒重低等问题。小麦缺氮时，主要表现植株矮小细弱，生长缓慢，分蘖少而弱，叶片窄小直立，叶色淡黄绿，老叶干枯，次生根数目少，茎有时呈淡紫色，穗形短小。玉米苗期缺氮时，幼苗生长缓慢，叶片呈黄绿色，植株矮小；三叶期缺氮叶鞘呈紫红色，叶片由下而上从叶尖沿中脉向基部黄枯；玉米生长后期缺氮，其抽穗期将延迟，雌穗不能正常发育，穗小、头部不饱满。棉花缺氮时，植株矮小，叶片薄而小，中下部叶片变黄，基部老叶发红生产缓慢，现蕾少，单株成铃少，生育后期极易封顶早衰。

43. 什么是尿素？

《新华字典》中的定义：尿素是人和某些动物体内蛋白质的代谢产物；主要由肝脏生成；通常为白色晶体，易溶于水；人工合成的第一种有机化合物，是一种重要的氮肥。

《农业大辞典》中的定义：尿素，由氨和二氧化碳在高温和高压下直接合成的有机态氮肥；化学式为 $CO(NH_2)_2$，呈白色针状或柱状结晶，易溶于水，20℃时，每 100 克水能溶解 100 克尿素；一般制成颗粒，以减少吸湿性；含氮量（N）42%～46%，含少量缩二脲。尿素施入土壤后，大多以分子态存在于土壤溶液中，少量以氢键结合形式被土壤吸附。经微生物分泌的脲酶的作用，尿素较快地转化成碳酸铵，为植物所吸收利用。

物理化学性状：无色或白色针状或棒状结晶体，工业或农业品为白色略带微红色固体颗粒，无臭无味；含氮量约为 46.67%；可与酸作用生成盐；有水解作用；在高温下可进行缩合反应，生成缩二脲、缩三脲和三聚氰酸；加热至 160℃分解，产生氨气同时变为异氰酸。因为在人尿中含有这种物质，所以取名尿素。尿素含氮（N）46%，是固体氮肥中含氮量最高的。尿素在酸、碱、酶作用下（酸、碱需加热）能水解生成氨和二氧化碳；对热不稳定，加热至 150～160℃将脱氨成缩二脲。尿素易溶于水，在 20℃时 100 毫升水中可溶解 105 克，水溶液呈中性反应。尿素产品有两种，结晶尿素呈白色针状或棱柱状晶形，吸湿性强，吸湿后结块，吸湿速度比颗粒尿素快 12 倍。

GB/T 2440—2017《尿素》是现行的尿素的主要标准，另外，GB/T 696—2008《化学试剂脲（尿素）》、HG/T 5045—2016《含腐殖酸尿素》、HG/T 5049—2016《含海藻酸尿素》、HG/T 5517—2019《聚合物包膜尿素》、GB 29401—2012《硫包衣尿素》也是目前与尿素相关的标准。

GB/T 2440—2017《尿素》的要求如下表所示：

<table>
<tr><th colspan="3" rowspan="2">项　目[a]</th><th colspan="2">等　级</th></tr>
<tr><th>优等品</th><th>合格品</th></tr>
<tr><td colspan="2">总氮（N）的质量分数（%）</td><td>≥</td><td>46.0</td><td>45.0</td></tr>
<tr><td colspan="2">缩二脲的质量分数（%）</td><td>≤</td><td>0.9</td><td>1.5</td></tr>
<tr><td colspan="2">水分[b]（%）</td><td>≤</td><td>0.5</td><td>1.0</td></tr>
<tr><td colspan="2">亚甲基二脲（以 HCHO 计）[c] 质量分数（%）</td><td>≤</td><td>0.6</td><td>0.5</td></tr>
<tr><td rowspan="4">粒度[d]（%）</td><td>D0.85～2.80 毫米</td><td>≥</td><td rowspan="4">93</td><td rowspan="4">90</td></tr>
<tr><td>D1.18～3.35 毫米</td><td>≥</td></tr>
<tr><td>D2.00～4.75 毫米</td><td>≥</td></tr>
<tr><td>D4.00～8.00 毫米</td><td>≥</td></tr>
</table>

注：[a]含有尚无国家或行业标准的添加物的产品应进行陆生植物生长试验，方法见 HG/T 4365—2012 的附录 A 和附录 B；[b]水分以生产企业出厂检验数据为准；[c]若尿素生产工艺中不加甲醛，可不测亚甲基二脲；[d]只需符合四档中任意一档即可，包装标识中应标明粒径范围，农业用（肥料）尿素若用作掺混肥料（BB）生产原料，可根据供需协议选择标注 SGN 和 UI，计算方法参见附录 A。

尿素作为植物的氮素供源，主要成分是酰胺态氮，不能被作物直接大量地吸收，需要转化成 NH_4^+ - N 和 NO_3^- - N 被作物吸收利用。当尿素进入土体之后，会在脲酶的催化作用下迅速水解成为铵态氮，一方面铵态氮会以气态形式扩散到大气中，另一方面铵态氮会在硝化细菌作用下进一步转化成为硝态氮。

反应过程如下：

$$CO(NH_2)_2 + 2H_2O \rightarrow (NH_4)_2CO_3$$

土壤中的碳酸铵进一步水解产生碳酸氢铵和氢氧化铵，由于它们都是不稳定的化合物易分解产生氨气，又可以迅速转化为铵态氮，继而转变成硝态氮，易在硝化-反硝化作用下产生气态氮，致使氮肥利用率降低。

$$(NH_4)_2CO_3 + H_2O \rightarrow NH_4HCO_3 + NH_4OH$$

水解反应是尿素转化过程中的首要环节，常常受到一系列因素的影响。例如土壤微生物、含水率、温度、pH、底物浓度和土壤类型。其中，温度、含水率和施氮量是最主要的三个因素。

44. 什么是尿素-硝酸铵？

尿素-硝酸铵溶液，简称 UAN 溶液，国外也称为氮溶液（N solution），是由尿素、硝酸铵和水配制而成。工业化生产始于20 世纪 70 年代的美国，目前在美国已得到广泛使用，在中国的推广应用近年来也开始起步。

在国际市场上一般有 3 个等级的尿素-硝酸铵溶液销售，即含 N 28%、30%和 32%。不同含量对应不同的盐析温度，适合在不同温度地区销售。含 N 28%的盐析温度为－18℃，含 N 30%的盐析温度为－10℃，含 N 32%的盐析温度为－2℃。在尿素-硝酸铵溶液中，通常硝态氮含量在 6.5%～7.5%，铵态氮含量在 6.5%～7.5%，酰胺态氮含量在 14%～17%。

尿素-硝酸铵溶液将三种氮源集中于一种产品，可以发挥各种氮源的优势。硝态氮可以提供即时的氮源，供作物快速吸收；铵态氮一部分被即时吸收，一部分被土壤胶体吸附，从而延长肥效；尿素水解需要时间，尤其在低温下通常起到长效氮肥的作用。为减少氮的淋溶损失，现在在尿素-硝酸铵溶液中通常会加入硝化抑制剂和脲酶抑制剂。

在国外，尿素-硝酸铵溶液主要用于各种灌溉系统作追肥，如通过移动式喷灌机、微喷灌、滴灌等应用，单独使用已越来越少。尿素-硝酸铵溶液稳定性好、兼容性好，可与其他化学农药及肥料混合，一次施肥，多种用途，省时省力。所以大部分情况下尿素-硝酸铵溶液作为氮的基础原料，与水溶性的磷、钾肥（磷酸一铵、磷酸二铵、聚磷酸铵、氯化钾、硝酸钾等）及其他中微量元素肥料一起配成液体复混肥。

目前执行的标准是“HG/T 4848—2016《尿素-硝铵溶液》”，技术指标如下表所示：

项目		指标		
		UAN28	UAN30	UAN32
总氮（N）的质量分数（%）	≥	28.0	30.0	32.0
硝态氮（NO_3^-－N）的质量分数（%）		6.3～7.4	6.7～7.9	7.2～8.4
酰胺态氮（CON－N）的质量分数（%）		13.5～15.4	14.2～16.6	15.6～17.7
密度（20℃）（克/厘米^3）		1.26～1.34		
缩二脲的质量分数（%）	≤	0.40		
pH（10%水溶液）		5.5～8.0		
水不溶物的质量分数（%）	≤	0.2		
游离氨（NH_3）的质量分数（%）	≤	0.05		
砷的质量分数（%）	≤	0.001 0		
镉的质量分数（%）	≤	0.001 0		
铅的质量分数（%）	≤	0.005 0		
铬的质量分数（%）	≤	0.005 0		
汞的质量分数（%）	≤	0.000 5		

45. 什么是硝酸铵?

硝酸铵作为世界上最主要的农业氮肥品中之一，在我国农业发展中起着重要作用。硝酸铵在土壤中能够有效分解，不留任何残留物，是一种能够被作物全部吸收的生理氮肥。

硝酸铵简称硝铵，由合成氨和硝酸直接反应而制成，化学分子式为 NH_4NO_3，白色或淡黄色结晶，相对分子质量 80.04，熔点 169.6℃，相对密度 1.725（25℃），在 210℃时分解为水和一氧化二氮（如加热过猛会引起爆炸），含氮量 32%～35%（N），其中铵态氮和硝态氮各半。易溶于水，20℃时每 100 克水可溶 192 克硝酸铵；溶解时吸收大量热能而降低温度，常用这一特性演示盐类溶解时的吸热现象。硝酸铵的吸湿性强，易结块、易潮解。

我国生产的硝酸铵品种大部分是颗粒状农业硝酸铵和片状或粒状工业硝酸铵。硝酸铵氮肥作为复合型化肥的适用土壤和地区都十分多样。硝酸铵的易吸水性，即硝基复合肥的速溶性，导致其十分高效地被土壤中的作物吸收，十分适合我国南方气候潮湿的地区。同时也能适应北方一些缺水干旱地区，起到节水和环保的作用。但是由于硝酸铵容易结块，会影响化肥的运输和保存，更关键的是会严重影响化肥本身的质量。

目前，硝酸铵的标准包括：GB/T 2945—2017《硝酸铵》、GB/T 659—2011《化学试剂　硝酸铵》、GB/T 29879—2013《硝酸铵类物质危险特性分类方法》、HG/T 4523—2013《硝酸铵溶液》、NY 2268—2020《农业用改性硝酸铵及使用规程》五项。目前农业施用的硝酸铵主要按照“NY 2268—2020《农业用改性硝酸铵及使用规程》”进行，其标准要求如下：

项　　目	指　　标
总氮（N）含量（%）	≥26.0
硝态氮（N）含量（%）	≤13.5
钙（Ca）+镁（Mg）* 含量（%）	≥5.0
pH（1∶250 倍稀释）	6.0～8.5
水分含量（H_2O）（%）	≤2.0
粒度（1.00～4.75 毫米）（%）	≥90

注：* 钙、镁含量可仅为其中一种成分含量或为两种成分含量之和，含量不低于 0.5%的单一中量元素均应计入钙、镁含量之和。

46. 什么是硫酸铵？

硫酸铵简称硫铵，俗称“肥田粉”，分子式为 $(NH_4)_2SO_4$。纯品为无色斜方晶体，易溶于水，280℃以上分解。水中溶解度：0℃时 70.6 克，100℃时 103.8 克。不溶于乙醇和丙酮。0.1 摩尔/

升水溶液的 pH 为 5.5，相对密度为 1.77（25℃）。工业品一般为带白色或微带黄色的小晶粒。工业上主要用氨和硫酸作用制得。含氮量为 20%～21%，针形或柱形白色晶体，易溶于水，肥效快，对催苗、壮苗的效果特别显著。宜作追肥和种肥，在叶面未干时不可施用，以防灼伤作物。不可与碱性肥料混合施用。

农用硫酸铵为白色或浅灰色结晶颗粒，无特殊气味，加热 280℃以上分解，易溶于水，不溶于乙醇。硫酸铵吸湿性小，便于贮存，但结块后很难打碎。遇碱性物质（和纯碱面相混）易分解放出氨气。硫酸铵撒在烧红木炭上缓慢地熔化、不燃烧、冒白烟、有氨臭味。硫酸铵水溶液浸纸条晾干后，不易燃烧，只发生白烟。取少许样品在铁片上用火烧，不熔化、不燃烧、有刺激氨味、铁片上有黑色痕迹的为硫酸铵，否则为伪劣产品。

目前，硫酸铵的标准包括：GB/T 1396—2015《化学试剂　硫酸铵》、GB 29206—2012《食品安全国家标准　食品添加剂　硫酸铵》、GB/T 535—2020《肥料级硫酸铵》、HG/T 5271—2017《生物化学试剂　硫酸铵》四项。目前农业实用的硫酸铵主要的执行标准是 GB/T 535—2020《肥料级硫酸铵》，具体指标如下：

项　目		指　标	
		Ⅰ型	Ⅱ型
氮（N）/%	≥	20.5	19.0
硫（S）/%	≥	24.0	21.0
游离酸（H_2SO_4）/%	≤	0.05	0.20
水分（H_2O）/%	≤	0.5	2.0
水不溶物/%	≤	0.5	2.0
氯离子（Cl^-）/%	≤	1.0	2.0

47. 什么是氯化铵？

氯化铵，盐酸的铵盐（NH_4Cl），简称氯铵，在日本又称“盐安”，其天然产物称“卤砂”，通常为联合制碱工业副产品，早期的氯化铵主要用作生产干电池、焊接等的工业原料。分子式为NH_4Cl；白色结晶或粉末，相对分子质量53.49，比重1.53，易溶于水，微溶于醇；加热易分解为氨和氯化氢，在350℃时升华；易于潮解；含氮24%～26%，属生理酸性肥料，因含氯较多而不宜在酸性土和盐碱土上施用，不宜用作种肥、秧田肥或叶面肥，也不宜在忌氯作物（如烟草、马铃薯、柑橘、茶树等）上施用。

农用氯化铵外观与食盐相近，为白色或略带黄色的细小晶体，有咸味，易溶于水，水溶液为酸性。氯化铵易吸湿结块，热稳定性较差，受热后不熔化而升华分解出氨和氯化氢气体。氯化铵遇碱易分解，放出氨气。将氯化铵放在铁片上用火烧，会快速熔化并且最终全部消失，熔化过程中可观察到未熔部分呈黄色，可闻到强烈的刺激性气味，并伴有白色烟雾。

目前，氯化铵的国家标准包括：GB/T 2946—2018《氯化铵》、GB 31631—2014《食品安全国家标准　食品添加剂　氯化铵》、GB/T 658—2006《化学试剂　氯化铵》三项国家标准。农业施用中氯化铵主要执行的是GB/T 2946—2018《氯化铵》，其技术要求如下：

项　　目		优等品	一等品	合格品
氮（N）的质量分数（以干基计，%）	≥	25.4	24.5	23.5
水的质量分数[a]（%）	≤	0.5	1.0	8.5
钠盐的质量分数[b]（以Na计，%）	≤	0.8	1.2	1.6
粒度[c]（2.00～4.75毫米，%）	≥	90	80	—
颗粒平均抗压碎力[c]（牛）	≥	10	10	—
砷及其化合物的质量分数（以As计，%）	≤	0.0050		

（续）

项　　目		优等品	一等品	合格品
镉及其化合物的质量分数（以 Cd 计，%）	≤	0.001 0		
铅及其化合物的质量分数（以 Pb 计，%）	≤	0.020 0		
铬及其化合物的质量分数（以 Cr 计，%）	≤	0.050 0		
汞及其化合物的质量分数（以 Hg 计，%）	≤	0.000 5		

注：[a]水的质量分数仅在生产企业检验和生产领域质量抽查检验时进行判定；[b]钠盐质量分数以干基计；[c] 结晶状产品无粒度和颗粒平均抗压碎力要求。

48. 什么是碳酸氢铵？

碳酸氢铵简称碳铵，又称重碳酸铵，是将合成氨通入二氧化碳加水而制成的氮素化肥。化学式为 NH_4HCO_3，有氨味的白色结晶，理论含 N 量为 17.7%，商品含 N 量为 16.8%～17.5%，有强烈的氨味，易溶于水，20℃时溶解度为 20.8 克，水溶液呈弱碱性；35℃以上易分解；极易挥发，吸湿性强。

农村地区也有利用碳酸氢铵能和酸反应这一性质，将碳酸氢铵放在蔬菜大棚内，将大棚密封，并将碳酸氢铵置于高处，加入稀盐酸，这时碳酸氢铵会和盐酸反应，生成氯化铵、水和二氧化碳。二氧化碳可促进植物光合作用、增加蔬菜产量，而生成的氯化铵也可再次作为肥料使用。碳酸氢铵的化学式中有铵根离子，是一种铵盐，而铵盐不可以和碱共放一处，所以碳酸氢铵切忌和氢氧化钠或氢氧化钙放在一起。

农用碳酸氢铵为白色松散的结晶体，由于其水分含量高，外观上显出潮湿感，当水分超过 5%以上，碳酸氢铵有结块现象，故盛碳酸氢铵的容器壁上易附着产品，并有细水珠存在。碳酸氢铵有特殊的氨味、易挥发、刺鼻、熏眼是区别于其他固体无机氮肥的主要标志。简易鉴别：可用手指拿少量样品进行摩擦，就可闻到较强的氨味。碳酸氢铵吸湿性强，易溶于水，水溶液呈弱酸性。将肥料溶于水，若手摸有滑腻感，则为碳酸氢铵；没有滑腻感，则为其他肥料。碳酸氢铵的化学性质不稳定，即使在常温下（20℃），也易分解为氨、二氧化碳和水，60℃可以完全分解；将肥料样品放在烧红的木炭上，若立即分解，并放出氨味，则为碳酸氢铵；将肥料溶于水，将食用醋酸倒入上述水溶液中，若有气泡产生，则为碳酸氢铵。

目前，碳酸氢铵的标准包括：HG/T 4218—2011《改性碳酸氢铵颗粒肥》、GB 3559—2001《农业用碳酸氢铵》、GB 1888—2014《食品安全国家标准　食品添加剂　碳酸氢铵》三项。农业施用中碳酸氢铵主要执行的是 GB 3559—2001《农业用碳酸氢铵》，其技术要求如下：

农业用碳酸氢铵技术要求

项　目		碳酸氢铵			干碳酸氢铵
		优等品	一等品	合格品	
氮（N,%）	≥	17.2	17.1	16.8	17.5
水分（H_2O,%）	≤	3.0	3.5	5.0	0.5

注：优等品和一等品必须含添加剂。

49. 常见的磷肥类型有哪些?

据统计，新疆地区磷肥施用品种不同年代表现为早期以过磷酸钙、重过磷酸钙为主，而后逐渐向磷酸一铵、磷酸二铵和其他复合磷肥进行演变。1950—2010 年施用磷肥品种中过磷酸钙、磷矿粉、脱氟磷肥所占比例逐渐减小，重过磷酸钙、磷酸铵、磷酸二氢钾、磷酸聚磷酸所占比例逐渐增多。1950—1980 年新疆农田主要施用的磷肥是过磷酸钙，占 60%以上；1980 年后磷肥品种由重过磷酸钙逐渐演变为磷酸一铵和磷酸二铵。近年来，随着大面积滴灌施肥技术的推广应用，溶解性高的磷肥品种如磷酸二氢钾、磷酸铵、聚磷酸铵施用比例呈增加趋势。

目前，我国生产的磷肥，根据磷肥浓度可以分为两类：高浓度磷肥和低浓度磷肥。高浓度磷肥包括磷酸二铵（DAP）、磷酸一铵（MAP）、NPK复合肥（P－NPK）、重过磷酸钙（TSP）以及硝酸磷肥（NP）；低浓度磷肥包括过磷酸钙（SSP）和钙镁磷肥（FMP）。

按其溶解性可分为三类：①水溶性磷肥，所含磷能溶于水，易为作物直接吸收利用，如过磷酸钙、重过磷酸钙。②弱酸溶性（或称枸溶性）磷肥，所含磷不溶于水，只溶于弱酸。施入土壤后，肥效不如水溶性磷肥快，但较持久，宜作基肥，如钙镁磷肥、钢渣磷肥等。③难溶性磷肥，所含磷素难溶于水和弱酸，只有在强酸条件下才能被溶解，肥效迟缓、持久，如磷矿粉和骨粉等。

50. 磷肥对作物生长有哪些影响？

磷是植物必需的营养元素，是影响植物生长发育和生命活动的主要元素之一。磷是植物体内细胞原生质的组成元素，对细胞分裂和增殖起重要作用；植物生命过程中养分和能量的转化、传递均与磷素有密切的关系，如蒸腾、光合、呼吸三大生理作用以及糖、淀粉的利用和能量的传递等过程。磷对植物生长的影响主要包括以下几方面：

（1）植物体内几乎许多重要的有机化合物都含有磷。

（2）磷是植物体内核酸、蛋白质和酶等多种重要化合物的组成元素。

（3）磷在植物体内参与光合作用、呼吸作用、能量贮存和传递、细胞分裂、细胞增大和其他一些过程。

（4）磷能促进早期根系的形成和生长，提高植物适应外界环境条件的能力，有助于植物耐过冬天的严寒。

（5）磷能提高许多水果、蔬菜和粮食作物的品质。

（6）磷有助于增强一些植物的抗病性，抗旱和抗寒能力。

（7）磷有促熟作用，对收获和作物品质是重要的，但是用磷过量会使植物晚熟、结实率下降。

磷肥是我国农业生产必需的生产资料，施用磷肥一直是粮食生产中最重要的措施之一。磷能促进根生长点细胞的分裂和增殖，苗期磷素营养充足，次生根条数增加。磷对根生长的影响，主要不是表现在根重的变化上，而是表现在单位根重有效面积的差异。在低磷条件下，根的半径减小，单位根重的比表面积增加，从而提高根系对磷的吸收。磷是作物体内核酸、磷脂、植素和磷酸腺苷的组成元素。这些有机磷化合物对作物的生长与代谢起重要作用。正常的磷素营养有利于核酸与核蛋白的形成，加速细胞的分裂与增殖，促进营养体的生长。磷素营养水平将影响植物体内激素的含量，且缺磷影响根中植物激素向地上部输送，从而抑制了花芽的形成。

51. 作物缺磷有什么症状?

由于磷是许多重要化合物的组成成分，并广泛参与各种重要代谢活动。所以，缺磷对植物光合作用、呼吸作用及生物合成过程都有影响，进而使植物产生缺素症。供磷不足时，蛋白质合成受阻，使细胞分裂迟缓，新细胞难以形成。

植物缺磷时植株生长缓慢、矮小、茎细直立，分枝或分蘖较少，叶小，呈暗绿或灰绿色而无光泽，茎叶常因积累花青苷而带紫红色。根系发育差，易老化。由于磷易从较老组织运输到幼嫩组织中再利用，故症状从较老叶片开始向上扩展。缺磷植物的果实和种子少而小、成熟延迟、产量和品质降低；轻度缺磷外表形态不易表现。不同作物症状表现有所差异。

小麦和其他小种子作物缺磷时，一般生长受到抑制，更易感染根部病害。缺磷植株仍然可能保持看似正常的绿色，但生长缓慢、成熟晚。当缺磷严重时，叶片枯萎，有的品种在其荫蔽处出现紫色或红色。玉米缺磷植株瘦小，茎叶大多呈明显的紫红色，缺磷严重时老叶叶尖枯萎呈黄色或褐色，花丝抽出迟，雌穗畸形，穗小，结实率低，推迟成熟。棉花缺磷植株生长迟缓，叶片表现出比正常植株更深的绿色，开花延迟，棉铃着铃差；在生长后期，叶片出现未老先衰。

许多植物对磷需要的临界期在苗期，缺乏症状在早期就很明显，这一特点可作为诊断的依据。一旦发现，应尽早补充磷营养。

52. 土壤中磷的形态有哪些？

磷是植物生长发育不可缺少的营养元素之一，磷素以众多的化学形式（库）存在于土壤中。就其化合物属性而言可分为有机磷和无机磷化合物两大类。

（1）有机磷化合物包括土壤生物活体中磷和磷酸肌醇、核酸、磷脂等有机磷化物，以及尚不明其存在形态的其他有机磷化合物，包括与腐殖质相结合的某些有机磷。

（2）植素类，占土壤有机磷的2%～5%，是普遍存在于植物体中的有机化合物。磷脂类，占土壤有机磷的1%～5%，主要为磷酸甘油酯、卵磷脂和脑磷脂，普遍存在于动物、植物及微生物组织中，一般为甘油的衍生物。核酸及其衍生物类，占土壤有机磷的0.1%～2.5%，它们能在土壤中迅速降解或重新组合，由核蛋白分解时产生，能与土壤无机黏粒结合形成有机无机复合体。

（3）土壤中的磷素大部分以迟效性状态存在，土壤中可被植物吸收的磷组分包括全部水溶性磷、部分吸附态磷及有机态磷（有的土壤中还包括某些沉淀态磷），这些可以被植物吸收的磷统称为有效磷。在化学上，有效磷定义为：能与^{32}P进行同位素交换的或容易被某些化学试剂提取的磷及土壤溶液中的磷酸盐。在植物营养上，土壤有效磷是指土壤中对植物有效或可被植物利用的磷，当采用化学提取剂测定土壤有效磷的含量时只能提取出很少一部分植物有效磷，因此有效磷时常也被称为速效磷。

在大部分土壤中，无机磷含量占有主导地位，占土壤全磷量的50%～90%。土壤中无机磷化合物中几乎全部为正磷酸盐，除了少量的水溶态外，绝大部分以吸附态和固体矿物态存在于土壤中。土壤中的难溶性无机磷大部分被铁、铝和钙元素束缚，一般来说，在酸性土壤中，磷与 Fe^{3+}、Al^{3+} 形成难溶性化合物，在中性条件下与 Ca^{2+} 和 Mg^{2+} 形成易溶性的化合物，在碱性条件下与 Ca^{2+} 形成难溶性化合物。土壤中难溶性磷和易溶性磷之间存在着缓慢的平衡。由于大多数可溶性磷酸盐离子为固相所吸附，所以这两部分之间没有明显的界线。在一定条件下，被吸附的可溶性磷酸盐离子能迅速与土壤溶液中的离子发生交换反应。土壤中的有机磷和微生物磷与土壤溶液磷和无机磷总是处在一种动态循环中。

53. 磷如何在土壤中运移？

在氮、磷、钾三大肥料中，磷的移动性最小，磷在土壤中扩散距离仅为 3～4 厘米，土壤中施入磷肥后，在较短时间内磷的有效性及移动性迅速降低，其主要原因为土壤对磷的吸附和固定。土壤对磷的吸附和固定机制，主要有以下几个方面：

（1）物理吸附　磷酸盐是一种较难解离的化合物，受固体表面能的吸附而集中在固液相的界面上。

（2）化学沉淀　土壤中大量存在的钙、镁、铁和铝等离子与磷酸盐作用生成难溶化合物，导致磷的移动性大大降低且可逆性差，磷酸根很难再释放。

（3）物理化学吸附　磷酸根与土壤颗粒所带的阴离子发生离子交换而被吸附在土壤固相表面。特别是在中性和碱性土壤中钙镁化合物大量存在，化学沉淀和碳酸钙表面吸附对磷酸根起到了固定作用。通常认为石灰性土壤中磷酸和钙离子沉淀的初步产物以磷酸二钙为主，然而磷酸二钙在中性-碱性土壤中仍是不稳定的，可水解为氢氧磷灰石 $Ca_{10}(PO_4)_6(OH)_2$，或者通过沉淀作用很快生成磷酸二钙并逐步向磷酸八钙、磷酸十钙转化，最终转化为氢氧磷灰石。石灰性土壤中存在的固体碳酸钙，其表面吸附磷酸根离子，使磷酸根离子以单分子层沉淀在 $CaCO_3$ 的表面，形成难溶性化合物而使其固定，且碳酸钙的颗粒越细，表面积越大，则吸附量也越大。

54. 什么是过磷酸钙？

过磷酸钙，又称普通过磷酸钙，简称普钙，是用硫酸分解磷矿直接制得的磷肥；有效成分主要是磷酸二氢钙（磷酸一钙）、磷酸氢钙（磷酸二钙）和少量磷酸，还含有无水磷酸钙（石膏），有效磷含量（按 P_2O_5 计算）14%～18%；大部分易溶于水，少部分不溶于水而易溶于 2%柠檬酸（枸橼液）溶液中，但是溶解速度慢。

过磷酸钙为灰色或灰白色粉料（或颗粒），可直接作为磷肥，也可作为复合肥料的配料。平日我们口中常提到的过磷酸钙，就是普通过磷酸钙，它是世界上最先生产的一种磷肥，也是我国应用比较普遍的一种磷肥。过磷酸钙适用于各种作物和多种土壤，可将它施在中性、石灰性缺磷土壤上，以防止固定。它既可以作基肥、追肥，又可以作种肥和根外追肥。过磷酸钙施用中应注意不能与碱性肥料混合施用，以防酸碱中和降低肥效。过磷酸钙在水中只有部分溶解，水溶液呈酸性。一般情况下吸湿性较小，湿度超过 80%吸湿而结成硬块。放在铁片上加热时，散发酸味、微微冒烟。

目前，过磷酸钙的执行标准是 GB/T 20413—2017《过磷酸钙》，技术要求如下：

疏松状过磷酸钙技术要求

项目		优等品	一等品	合格品	
				Ⅰ	Ⅱ
有效磷（以 P_2O_5 计）的质量分数（%）	≥	18.0	16.0	14.0	12.0
水溶性磷（以 P_2O_5 计）的质量分数（%）	≥	13.0	11.0	9.0	7.0
硫（以S计）的质量分数（%）	≥	8.0			
游离酸（以 P_2O_5 计）的质量分数（%）	≤	5.5			

（续）

项　目		优等品	一等品	合格品	
				Ⅰ	Ⅱ
游离水的质量分数（%）	≤	12.0	14.0	15.0	15.0
三氯乙酸的质量分数（%）	≤	0.000 5			

粒状过磷酸钙技术指标

项　目		优等品	一等品	合格品	
				Ⅰ	Ⅱ
有效磷（以 P_2O_5 计）的质量分数（%）	≥	18.0	16.0	14.0	12.0
水溶性磷（以 P_2O_5 计）的质量分数（%）	≥	13.0	11.0	9.0	7.0
硫（以S计）的质量分数（%）	≥	8.0			
游离酸（以 P_2O_5 计）的质量分数（%）	≤	5.5			
游离水的质量分数（%）	≤	12.0	14.0	15.0	15.0
三氯乙酸的质量分数（%）	≤	0.000 5			
粒度（1.00～4.75 毫米或 3.35～5.60 毫米）的质量分数（%）	≥	80			

55. 什么是重过磷酸钙？

重过磷酸钙，即磷酸二氢钙 $Ca(H_2PO_4)_2$，简称重钙，又称双料或三料过磷酸钙，是用磷酸跟磷灰石（主要成分是磷酸钙）混合制得，主要用作磷肥但不能跟碱性肥料或石灰混合施用，否则会转化成难溶于水的磷酸钙。重钙为灰色或灰白色粉料，性能和过磷酸钙相似，有吸湿性，受潮后结块，易溶于盐酸、硝酸，溶于水中，几乎不溶于乙醇，在 30℃时，100 毫升水中可溶磷酸二氢钙 1.8 克。水溶液显酸性。商品代号常用 TSP。重过磷酸钙是以一水磷酸二氢钙为主要成分（占 80%）的混合磷肥，但不含硫酸钙，其中含 P_2O_5 42%～46%，是普通过磷酸钙的 2～3 倍，用于各种土壤和作物，可作为基肥、追肥和复合（混）肥原料。

鉴别方法：重过磷酸钙为外观呈深灰色或灰白色的颗粒或粉末状。微酸性，稍有吸湿性，易溶于盐酸、硝酸，微溶于冷水，几乎不溶于乙醇。在火上加热时，可见其微冒烟，并有酸味。

目前，重过磷酸钙的执行标准是 GB/T 21634—2020《重过磷酸钙》，技术要求如下：

粉状重过磷酸钙技术要求

项　　目		Ⅰ型	Ⅱ型	Ⅲ型
总磷（以 P_2O_5 计）的质量分数（%）	≥	44.0	42.0	40.0
水溶性磷（以 P_2O_5 计）的质量分数（%）	≥	36.0	34.0	32.0
有效磷（以 P_2O_5 计）的质量分数（%）	≥	42.0	40.0	38.0
游离酸（以 P_2O_5 计）的质量分数（%）	≤	7.0		
游离水的质量分数（%）	≤	8.0		

粒状重过磷酸钙技术要求

项　　目		Ⅰ型	Ⅱ型	Ⅲ型
总磷（以 P_2O_5 计）的质量分数（%）	≥	46.0	44.0	42.0
水溶性磷（以 P_2O_5 计）的质量分数（%）	≥	38.0	36.0	35.0
有效磷（以 P_2O_5 计）的质量分数（%）	≥	44.0	42.0	40.0
游离酸（以 P_2O_5 计）的质量分数（%）	≤	5.0		
游离水的质量分数（%）	≤	4.0		
粒度（2.00～4.75 毫米）的质量分数（%）	≥	90		

56. 什么是磷酸一铵？

磷酸一铵又称磷酸二氢铵，化学式 $NH_4H_2PO_4$，分子量 115.03，为二元氮磷复合肥料，是水溶肥中主要的原料；无色四方晶体，密度 1.803 克/厘米^3，熔点 190℃；溶于水显弱酸性；在空气中稳定，熔点 190℃；溶于水，微溶于乙醇；加热分解放出氨，水溶液呈酸性；在 0～100℃，不会生成水合物，19℃相对密度 1 803千克/米^3，正方晶型，0.1 摩尔溶液 pH=4.4，在 10～25℃时 100 克水中溶解度为 9～40 克。

磷酸一铵在土壤中分解出的 NH_4^+ 比其他铵盐容易被土壤吸附，因为在中性条件下容易离解，形成的 NH_4^+ 被土壤胶体（负电）吸收，同时形成的 $H_2PO_4^-$ 也是作物可吸收利用的形态；和铵离子共存的磷酸根离子特别容易被作物根系吸收；在作物生长期间施用磷酸一铵是最适宜的。另外，磷酸一铵中的磷比过磷酸钙中的磷不容易被固定，即使被固定的磷也容易再溶解；在酸性土壤中比普通过磷酸钙、硫酸铵好，在碱性土壤中也比其他肥料优越。

目前相关标准包括 GB 10205—2009《磷酸一铵、磷酸二铵》、HG/T 5048—2016《水溶性磷酸一铵》、HG/T 5514—2019《含腐殖酸磷酸一铵、磷酸二铵》、HG/T 5515—2019《含海藻酸磷酸一铵、磷酸二铵》、HG/T 3466—2012《化学试剂　磷酸二氢铵》、HG/T 4133—2021《工业磷酸二氢铵》、GB 25569—2010《食品添加剂　磷酸二氢铵》、HG/T 5010—2016《阻燃剂用磷酸二氢铵》八项。新疆水肥一体化中磷酸一铵主要执行的是 HG/T 5048—2016《水溶性磷酸一铵》，外观为白色或浅色晶体或粉末，无肉眼可见机械杂质，其技术要求如下表所示。水肥一体化条件下，建议选择总养分≥72%的磷酸一铵。

项　目		指　标	
		Ⅰ型（11.5－60.5－0）[a]	Ⅱ型（11.5－54.5－0）[b]
总养分（总 N＋水溶性 P_2O_5）的质量分数（%）	≥	72.0	66.0
总氮（N）的质量分数[a]（%）	≥	10.5	10.5
水溶性磷（P_2O_5）的质量分数[a]（%）	≥	59.5	53.5
水不溶物的质量分数（%）	≤	0.3	0.5
水分（H_2O）的质量分数[a]（%）	≤	0.5	1.5
pH（每百毫升/克）		4～5	
砷的质量分数[b]（%）	≤	0.005 0	
铅的质量分数[b]（%）	≤	0.005 0	
镉的质量分数[b]（%）	≤	0.001 0	
铬的质量分数[b]（%）	≤	0.005 0	
汞的质量分数[b]（%）	≤	0.000 5	

注：[a]表中每个类别中的配合式为该类别的典型配合式，企业可以生产其他配合式的产品，总氮和水溶性磷的测定值与标明值之间允许有 1.0%的绝对负偏差，并且所有项目都应符合表中相应类别的要求。若未标明类别则应按总养分对应的类别进行判定。[b]各重金属元素生态指标也可由生产厂家根据产品用途与客户协商确定，但不得低于 GB/T 23349 中的指标值。

57. 什么是磷酸二铵？

磷酸二铵又称磷酸氢二铵，其分子式为 $(NH_4)_2HPO_4$，相对分子质量 132，纯品含 N 21.2%、P_2O_5 53.8%。其结晶形态为单斜晶体。磷酸二铵易溶于水，25℃及 40℃的溶解度分别为每百克水 41.7 克、47.2 克。磷酸二铵纯品在 30℃时的临界相对湿度为 82.5%，故将其在仓库散堆贮存时，如空气中湿度有变化，磷酸二铵会发生吸湿、失湿或结块等现象。磷酸二铵与尿素混合易形成低共熔物（熔点 115℃），而且在 30℃ 时的临界相对湿度下降到 62%。磷酸二铵与硫酸铵、硝酸铵、硫酸钾和氯化钾等混合时，均有良好的相合性，但各临界相对湿度都有不同程度下降。

磷酸二铵为灰白色或深灰色颗粒。在不受潮情况下，中间黑褐色、边缘微黄，外观稍有半透明感，表面略光滑；颗粒受潮后颜色加深，无黄色和边缘透明感；颗粒遇水后同受潮表现一样，表面会泛起极少量粉白色。真磷酸二铵油亮而不渍手，有些假磷酸二铵油得渍手。磷酸二铵无特殊气味，可溶于水，溶解摇匀后，静置状态下可长时间保持悬浊液状态，而有些假磷酸二铵溶解摇匀后，静置状态下很快出现分离、沉淀且液色透明。磷酸二铵在烧红的木炭上灼烧能很快熔化并放出氨气。

目前相关标准包括：GB 10205—2009《磷酸一铵、磷酸二铵》、HG/T 4132—2021《工业磷酸氢二铵》、HG/T 3774—2005《饲料级　磷酸氢二铵》、HG/T 3465—2012《化学试剂　磷酸氢二铵》、GB 30613—2014《食品安全国家标准　食品添加剂　磷酸氢二铵》、HG/T 5514—2019《含腐殖酸磷酸一铵、磷酸二铵》、HG/T 5515—2019《含海藻酸磷酸一铵、磷酸二铵》七项。目前主要执行的是 GB 10205—2009《磷酸一铵、磷酸二铵》标准中磷酸二铵的要求，其技术要求如下表所示：

传统法粒状磷酸二铵的技术要求

项　目		磷酸二铵		
		优等品 18-46-0	一等品 15-42-0	合格品 14-39-0
外观		颗粒状，无机械杂质		
总养分（$N+P_2O_5$）的质量分数（%）	≥	64.0	57.0	53.0
总氮（N）的质量分数（%）	≥	17.0	14.0	13.0
有效磷（P_2O_5）的质量分数（%）	≥	45.0	41.0	38.0
水溶性磷占有效磷百分率（%）	≥	87.0	80.0	75.0

（续）

项　　目		磷酸二铵		
		优等品 18-46-0	一等品 15-42-0	合格品 14-39-0
水分（H_2O）的质量分数[a]（%）	≤	2.5	2.5	3.0
粒度（1.00～4.00毫米）（%）	≥	90.0	80.0	80.0

注：[a]水分为推荐性要求。

料浆法粒状磷酸二铵的技术要求

项　　目		料浆法磷酸二铵		
		优等品 16-44-0	一等品 15-42-0	合格品 14-39-0
外观		颗粒状，无机械杂质		
总养分（$N+P_2O_5$）的质量分数（%）	≥	60.0	57.0	53.0
总氮（N）的质量分数（%）	≥	15.0	14.0	13.0
有效磷（P_2O_5）的质量分数（%）	≥	43.0	41.0	38.0
水溶性磷占有效磷百分率（%）	≥	80.0	75.0	75.0
水分（H_2O）的质量分数[a]（%）	≤	2.5	2.5	3.0
粒度（1.00～4.00毫米）（%）	≥	90.0	80.0	80.0

注：[a]水分为推荐性要求。

58. 什么是磷酸脲？

磷酸脲［$CO(NH_2)_2 \cdot H_3PO_4$］，又称为尿素磷酸盐或者磷酸尿素，是由等摩尔的磷酸和尿素反应生成的一种具有氨基酸结构的磷酸复盐。磷酸脲是一种无色透明棱柱状晶体，该晶体呈平行层状结构；它的相对分子质量为158.06，密度为1.74克/厘米^3，熔点为115～117℃，含氮为17.7%，含磷（P_2O_5）为44.9%，1%水溶液的 pH 为 1.89。

磷酸脲是由尿素和磷酸反应制得的，其反应方程式为：

$$H_3PO_4 + CO(NH_2)_2 \rightarrow CO(NH_2)_2 \cdot H_3PO_4$$

其生产工艺按照原料来源可分为热法磷酸法和湿法磷酸法。热法磷酸浓度高，杂质少，但价格贵，用以生产磷酸脲成本较高。湿法磷酸浓度低，杂质较多，但价格低，用以生产磷酸脲工艺流程较长，产品质量较差，成本较低。目前，国外一般以湿法磷酸为原料生产磷酸脲，而国内生产厂家既有用热法磷酸的，也有用湿法磷酸的，其中以前者居多。

磷酸脲作为基础肥源，可充分发挥其控制土壤 pH、减少土壤氨挥发、提高土壤氮肥利用率、活化土壤中微量元素的优势；同时，可以利用其在滴灌中沉淀少、结垢少、少堵塞的优势发展滴灌设施，提高滴灌系统的使用寿命，发挥其作为滴灌复合肥的优势。

目前相关标准包括 NY/T 917—2004《饲料级 磷酸脲》和 GB/T 27805—2011《工业磷酸脲》两项。目前主要执行的是 GB/T 27805—2011《工业磷酸脲标准》，其技术要求如下表所示。

工业磷酸脲技术要求

项目		指标
五氧化二磷（P_2O_5），w（%）	≥	44.0
总氮（N），w（%）	≥	17.0
水不溶物，w（%）	≤	0.1
干燥减量，w（%）	≤	0.5
氟（F），w（%）	≤	0.05
砷（As），w（%）	≤	0.01
重金属（以 Pb 计），w（%）	≤	0.003
pH（10 克/升 水溶液）		1.6～2.4

59. 什么是聚磷酸铵？

聚磷酸铵又称多聚磷酸铵或缩聚磷酸铵（简称 APP）。聚磷酸铵是一种含氮和磷的聚磷酸盐，按其聚合度可分为低聚、中聚以及高聚 3 种，其聚合度越高水溶性越小，反之则水溶性越大。按其结构可以分为结晶形和无定形，结晶态聚磷酸铵为长链状水不溶性盐。聚磷酸铵的分子通式为 $(NH_4)_{(n+2)}P_nO_{(3n+1)}$，当 n 为 10～20 时，为水溶性；当 n 大于 20 时，为难溶性。

一般认为作为肥料用的聚磷酸铵应是短链全水溶的，包含磷酸铵、三聚磷酸铵和四聚磷酸铵等多种聚磷酸铵，聚合度更高、链更长的聚磷酸铵只有少量存在。不同厂家的产品各形态磷的比例存在差别。例如美国规格为 11－37－0 的农用聚磷酸铵液体产品中不同形态的磷分布为：w（正磷酸）7.8%，w（焦磷酸）11.4%，w（三聚磷酸）8.5%，w（四聚磷酸）4.4%，w（五聚磷酸）2.6%，w（多聚磷酸）($n \geqslant 6$) 2.3%。

农用聚磷酸铵施入土壤后具有磷活性高、移动距离远、不易被固定的特点，能增溶、缓释，对金属离子螯合，激活土壤中微量元素，可精准施肥，吸收利用率高，还易添加有机质、除草剂、杀虫剂等复配，减少用肥量。近年聚磷酸铵逐步作为液体肥的原料在水肥一体化中应用。

目前的标准是 HG/T 5939—2021《肥料级聚磷酸铵》、HG/T 2770—2008《工业聚磷酸铵》，其中技术要求如下表所示：

工业聚磷酸铵技术要求

项　　目		指标		
		Ⅰ类		Ⅱ类
		一等品	合格品	
五氧化二磷（P_2O_5）（质量分数，%）	≥	69.0	68.0	71.0
氮（N）（质量分数，%）	≥	14.0	13.0	14.0
平均聚合度	≥	50	30	1 000

（续）

项　目		指标		
		Ⅰ类		Ⅱ类
		一等品	合格品	
pH（100 克/升溶液）		5.0～7.0	5.0～7.0	5.5～7.5
粒度（通过 45 微米试验筛），w（%）	⩾	90	90	
D 50（微米）	⩽			20
溶解度（每百毫升克重，H_2O）	⩽	—	—	0.5
水分，w（%）	⩽	—	—	0.25
堆积密度（克/毫升）		—	—	0.5～0.7

60. 什么是焦磷酸盐？

焦磷酸又名二磷酸或三缩二原磷酸，化学式 $H_4P_2O_7$，无色针状晶体或黄色黏稠状液体，是磷酸脱水的产物。焦磷酸易溶于水，在冷水中慢慢地转化为磷酸；熔点 61℃，有吸湿性，溶于水、醇和醚，不溶于冰水。焦磷酸盐是指通过焦磷酸与无水氨或氢氧化钾反应生成的一类磷化合物。焦磷酸盐是多磷酸盐肥料中主要的多磷酸种类：有正盐和酸式盐两类。正盐如焦磷酸钠、焦磷酸钾等，酸式盐如酸式焦磷酸钠等。正盐可由磷酸氢盐制得。焦磷酸是四元酸，有四种焦磷酸盐，如焦磷酸钾、焦磷酸钠及酸式焦磷酸钠等。用氢氧化钾或碳酸钾与磷酸中和，控制一定的 pH，生成磷酸氢二钾，经浓缩蒸干，再于 500°C 左右灼烧脱水，即得白色块状或粉末状无水焦磷酸钾。

天然存在的磷酸盐是磷矿石（含磷酸钙），用硫酸与磷矿石反应，生成能被植物吸收的磷酸二氢钙和硫酸钙，可制得磷酸盐。

61. 常见的钾肥类型有哪些？

作物从土壤中吸收的钾全部是 K^+，钾盐肥料均为水溶性，但也含有某些不溶性成分。土壤中钾以四种形态存在：①在云母、含钾长石之类原生矿物的结构组成中存在的钾，这种钾只有在这些矿物分解之后才成为有效态；②暂时陷在膨胀性晶格黏粒（如伊利石和蒙脱石）层间的钾，称为缓效钾；③由带负电荷的土壤胶体静电吸附的交换性钾，它可用中性盐（加醋酸铵）置换和提取；④少量在土壤溶液中的可溶性钾。土壤胶体吸附的交换态钾和少量可溶性钾为速效钾。

主要钾肥品种有氯化钾、硫酸钾、磷酸二氢钾、钾石盐、钾镁盐、光卤石、硝酸钾、窑灰钾肥。水溶性肥料生产所需的钾肥主要包括硝酸钾、硫酸钾、氯化钾、磷酸二氢钾、腐殖酸钾、氢氧化钾等。

①硝酸钾。外观白色结晶或细粒状，物理性状良好，是一种生理碱性肥料，能同时提供作物生长所需的硝态氮素和钾素。

②硫酸钾。纯净的硫酸钾为白色或者淡黄色的菱形或六角形结晶，溶解度远小于氯化钾，不易结块，属于生理酸性肥料。由于硫酸钾溶解速率较慢，只有速溶性硫酸钾可以作为水溶性肥料或原料。

③氯化钾。白色晶体，为化学中性、生理酸性肥料。目前，很多施肥指南或者国家标准上都要求限制氯含量，尤其是忌氯作物更不能施用含氯肥料，其实这是一种误解，可能除烟草等对品质要求严格的作物控制含氯化肥施用之外，大多数经济作物合理使用氯化钾都没有太大影响。一方面，氯离子在土壤中十分活跃、易淋洗；另一方面，氯是营养元素，调节细胞渗透压。自然界不存在忌氯作物，而存在对氯敏感作物。以色列等农业发达国家的作物生产中都在大量使用氯化钾，极少使用硫酸钾。

④磷酸二氢钾。无色四方晶体，无色结晶或白色颗粒状粉末，磷酸二氢钾广泛运用于滴灌喷灌系统中。

62. 钾肥如何对作物生长产生影响?

钾是植物生长的最重要养分之一。钾能促进酶活化，促进光能利用，进而增强光合作用；能改善作物的能量代谢，促进碳水化合物的合成与光合产物的运输，进而促进糖代谢；同时能够促进氮素吸收和蛋白质合成，对调节作物生长、提高作物抗逆性、改善作物品质具有重要作用。

钾是植物的主要营养元素之一，同时也是土壤中常因供应不足而影响作物产量的三要素之一。钾与氮、磷不同，它不是植物体内有机化合物的组成成分，迄今为止，尚未在植物体内发现含钾的有机化合物。钾在植物体内多以离子态存在，而且流动性强，非常活跃，常常是随着植物的生长，向生命活动最旺盛的部位移动。钾的植物生理作用主要有：①许多酶活性所必需的元素；②钾能明显提高植物对氮素的利用，并能很快地转化成蛋白质；③钾能促进植物经济用水；④钾能促进碳水化合物的代谢并加速同化产物流向贮藏器官；⑤钾能增强作物的抗逆性，钾素有抗逆元素之称。

对于棉花，施钾处理棉株根、茎、叶干重随着棉株的生长发育与对照的差异也越来越大。缺钾会增加棉花前期的开花率和提早终止其生殖生长；相反，施钾则会延长棉花后期的生殖生长。钾肥的增加，主要是改变了棉铃内源激素系统，调动养分向中、上部棉铃输送，特别是向上部棉铃的输送，从而使中上部棉铃得到充分发育，体积增大，铃重提高，纤维细胞得到进一步伸长，纤维素合成受到促进，成熟度提高。

63. 作物缺钾有哪些症状？

钾是植物生长不可缺少的重要养分之一。但钾的一个很独特的性质：它不是植物细胞内有机化合物的组成成分，可是植物体内进行的一切生物化学反应几乎都有它参与。作物缺钾的一般症状：最初是生长减缓、活力下降、植株矮化，与缺氮植株叶色变淡绿相反，缺钾植株叶色变暗绿。由于钾极易迁移，并优先向幼嫩组织转移，因此进一步缺钾时，较老叶片最先出现明显的缺钾症状。从叶尖和叶缘开始出现带白色、黄色或橙色的褪绿斑点或条纹，并逐渐向脉间组织发展，但叶子的基部仍保持暗绿色，接着褪绿组织发生坏死、干枯，呈灼烧状。严重缺钾时，症状可蔓延到较幼嫩的叶片，最后整株植株死亡。缺钾植株根系发育不良，常常发生腐烂。种子或果实小，不饱满，产量低。产品品质严重下降，特别是蔬菜、果树、纤维作物和烟草的品质受到严重影响。缺钾植株瘦弱，易感染病害，对不良气候条件的抗御力差。

小麦缺钾时，症状特征不明显，主要表现为叶色呈黄绿色，叶片变细长，分蘖减少，拔节期叶色淡，茎细长，与缺氮有几分相似，但其分蘖呈横向伸展而与缺氮直上伸展有所不同。玉米缺钾，一般以生育中后期为多。中、下位叶片前端发黄，尖端及边缘干枯呈烧灼状，进入伸长期后节间明显缩短，叶色深浓，叶形变化不大而致株型异常，比例失调；茎秆发育不良，细弱易折断、倒伏。棉花缺钾时，棉株茎秆细弱，叶片变小，根系发育不良，侧根少而且短，呈褐色。当蒸腾作用强烈时，叶片常常萎蔫。“棉锈病”是棉花严重缺钾时的症状。开始是较老叶片的叶尖和叶缘上出现带黄色的白斑，并逐渐扩展到叶脉之间的叶组织，叶片变黄绿色。褪绿黄斑中央坏死，形成许多褐斑。叶尖和叶缘焦枯，并逐渐向叶脉之间发展，最后全叶呈红棕色，焦枯脱落。因叶缘缺钾组织失水多，叶片卷曲呈鸡爪状。缺钾棉株由于过早落叶，蕾铃发育不良，容易脱落；棉铃小，常常不能正常吐絮，僵黄花多，纤维短、强度差、品质劣。

64. 什么是硝酸钾？

硝酸钾，即硝酸的钾盐（KNO_3），一种不含氯的氮、钾二元复合肥料。纯品含 K_2O 为 46.58%，含 N 为 13.84%；肥料级产品含 K_2O 为 44.3%，含 N 为 13.2%左右，N∶K_2O 为 1∶3。硝酸钾为无色结晶，有凉、咸、辣味，无吸湿性，易溶于水，溶解时使温度下降，稍溶于乙醇，不溶于乙醚；相对分子质量 101.11，熔点 333℃，在 400℃时分解为 KNO_2 和 O_2，天然产物称为硝石。硝酸钾在农业上作为氮、钾复合肥料用；与有机物接触能燃烧爆炸；工业上用作制造火柴、烟火药、黑火药等；食品工业上用作发色剂、护色剂、抗微生物剂、防腐剂，常用于腌肉及在午餐肉中起防腐作用。

随着农用硝酸钾的大力开发，硝酸钾的生产水平已经达到十分先进的水平。它的制作原理是利用硝酸钠、氯化钾、氯化钠、硝酸钾等化学成分的温度差制得，利用这几种化学物质在低温环境析出晶体的化学特点，形成元素转换闭环。然后，经过洗涤、真空冷却、结晶等化学过程最终制得工业硝酸钾产品。这便是工业硝酸钾大概的生产流程。

目前，硝酸钾的标准包括：GB 1918—2011《工业硝酸钾》、GB/T 20784—2018《农业用硝酸钾》、GB 29213—2012《食品安全国家标准　食品添加剂　硝酸钾》、GB/T 647—2011《化学试剂　硝酸钾》、HG/T 5213—2017《牙膏用硝酸钾》五项。目前农业生产中常用的标准是 GB/T 20784—2018《农业用硝酸钾》，按照此标准，硝酸钾应该符合以下要求：

农业用硝酸钾要求

项目			等级		
			优等品	一等品	合格品
氧化钾（K_2O）的质量分数（%）		≥	46.0	44.5	44.0
总氮（N）的质量分数（%）		≥	13.5	13.5	13.0
氯离子（Cl^-）的质量分数（%）		≤	0.2	1.2	1.5
水分（H_2O）的质量分数（%）		≤	0.5	1.0	1.5
水不溶物的质量分数（%）		≤	0.10	0.20	0.30
粒度*（%）	1.00～4.75 毫米	≥	90		
	1.00 毫米以下	≤	3		
砷及其化合物的质量分数（以 As 计，%）		≤	0.005 0		
铬及其化合物的质量分数（以 Cr 计，%）		≤	0.001 0		
铅及其化合物的质量分数（以 Pb 计，%）		≤	0.020 0		
镉及其化合物的质量分数（以 Cd 计，%）		≤	0.050 0		
汞及其化合物的质量分数（以 Hg 计，%）		≤	0.000 5		

注：* 结晶状产品的粒度不做规定，粒状产品的粒度也可执行供需双方合同约定的指标。

65. 什么是磷酸二氢钾？

磷酸二氢钾是一种浓度高、易溶于水、无氯的高效磷、钾复合肥，磷酸的二酸式钾盐（KH_2PO_4），含磷（P_2O_5）52%、钾（K_2O）34%，是白色或淡黄色结晶，吸湿性弱，物理性质良好，易溶于水，水溶液酸性，pH 为 3～4，1%磷酸二氢钾溶液的 pH 为 4.6。磷酸二氢钾属于新型高浓度磷、钾二元素复合肥料，其中含 P_2O_5 52%左右、K_2O 34%左右。它是无色四方晶体或白色结晶性粉末。目前主要的磷酸二氢钾工艺路线有中和法、萃取法、离子交换法、结晶法、复分解法和直接法等。

磷酸二氢钾为白色、浅黄色或灰白色的结晶体或粉末。有不法分子用元明粉和硫酸钾等假冒磷酸二氢钾，元明粉和硫酸钾的外观发白，而磷酸二氢钾晶体透明，从外观可以鉴别。磷酸二氢钾没有特殊气味，能完全溶解于水，没有沉淀，并且溶解的速度很快，水溶液呈酸性，不溶于乙醇。将磷酸二氢钾放在铁片上加热，不燃烧，也无气味，熔化为透明液体，冷却后凝固为半透明的玻璃状偏磷酸钾。

目前相关标准包括：GB/T 1274—2011《化学试剂　磷酸二氢钾》、GB 25560—2010《食品添加剂　磷酸二氢钾》、GB 34470—2017《饲料添加剂　磷酸二氢钾》、GB 6853—2008《pH 基准试剂　磷酸二氢钾》、HG/T 2321—2016《肥料级磷酸二氢钾》、HG/T 2860—2011《饲料级　磷酸二氢钾》、HG/T 4511—2013《工业磷酸二氢钾》七项。目前主要执行的是 HG/T 2321—2016《肥料级磷酸二氢钾》，其技术要求如下表所示：

肥料级磷酸二氢钾的要求

项　目		等　级		
		优等品	一等品	合格品
磷酸二氢钾（KH_2PO_4）的质量分数（%）	≥	98.0	96.0	94.0
水溶性五氧化二磷（P_2O_5）的质量分数（%）	≥	51.0	50.0	49.0

（续）

项　目		等　级		
		优等品	一等品	合格品
氧化钾（K_2O）的质量分数（%）	≥	33.8	33.2	30.5
水分（%）	≤	0.5	1.0	1.5
氯化物（Cl）的质量分数（%）	≤	1.0	1.5	3.0
水不溶物的质量分数（%）	≤	0.3		
pH		4.3～4.9		
砷及其化合物的质量分数（以 As 计，%）	≤	0.005 0		
镉及其化合物的质量分数（以 Cd 计，%）	≤	0.001 0		
铅及其化合物的质量分数（以 Pb 计，%）	≤	0.020 0		
铬及其化合物的质量分数（以 Cr 计，%）	≤	0.020 0		
汞及其化合物的质量分数（以 Hg 计，%）	≤	0.000 5		

66. 什么是硫酸钾？

硫酸钾为硫酸的钾盐，由某些含钾硫酸盐矿物经富集或由氯化钾（KCl）和硫酸（H_2SO_4）反应制成的一种钾肥；可直接施用，也可用作制造复混肥料的配料；化学式为 K_2SO_4，相对分子量为 174.27；无色菱形晶体，味苦而咸，密度 2.66 克/厘米^3，比重 2.662，熔点 1 069℃，易溶于水而不溶于乙醇。硫酸钾在农业上是常用的钾肥，氧化钾含量 50%，能被植物直接吸收利用；有吸湿性，是生理酸性肥料；尤其适用于烟草，宜作基肥，也可作追肥。

硫酸钾生产中常见的生产工艺包括：曼海姆法生产工艺、硫酸亚铁法生产工艺、硫酸钙法生产工艺、硫酸镁法生产工艺等。

目前相关标准包括：GB/T 16496—1996《化学试剂　硫酸钾》、GB/T 20406—2017《农业用硫酸钾》、HG/T 3279—1989《农业用硫酸钾》三项。目前主要执行的是 GB/T 20406—2017《农业用硫酸钾》，外观为粉末结晶或颗粒，无机械杂质，其技术要求如下表所示：

农业用硫酸钾技术标准

项　目		粉末结晶状			颗粒状	
		优等品	一等品	合格品	优等品	合格品
水溶性氧化钾（K_2O）的质量分数（%）	≥	52.0	50.0	45.0	50.0	45.0
水分（H_2O）的质量分数（%）	≤	1.0	1.5	2.0	1.5	2.5
硫（S）的质量分数（%）	≥	17.0	16.0	15.0	16.0	15.0
氯离子（Cl^-）的质量分数（%）	≤	1.5	2.0	5.0	1.5	2.0
水不溶物的质量分数（%）	≤	0.1	0.3	0.5	—	—
游离酸（以硫酸计）的质量分数（%）	≤	1.0	1.5	2.0	2.0	2.0
粒度（粒径 1.00～4.75 毫米或 3.35～5.60 毫米）（%）	≥	—	—	—	90	90

注：水分以出厂企业检验数据为准。

67. 什么是氯化钾?

氯化钾为钾石盐、光卤石或苦卤经化学工艺加工而成的钾肥。化学式为 KCl，相对分子质量为 74.55，离子型化合物，相对密度为 1.984 克/厘米^3，熔点为 776℃，1 500℃升华，易溶于水，水溶液呈中性，有咸味。0℃时每 100 克水中能溶解 27.6 克氯化钾，100℃时为 56.7 克。氯化钾是一种水溶性速效肥料，含钾量（K_2O）55%～62%，是我国主要的钾肥品种；白色或淡砖红色结晶，具有吸湿性，久贮时会结块，属生理酸性肥料。

辨别方法：氯化钾外观酷似食盐，无臭、味咸，为无色细长菱形或立方晶体，或细小白色结晶颗粒，有的因含少量铁盐而呈红色；溶于水和甘油，微溶于乙醇，水溶液呈中性；用火烧没有变化，但有爆裂声，没有氨味。

目前相关标准包括：GB 10732—2008《第一基准试剂　氯化钾》、GB 10736—2008《工作基准试剂　氯化钾》、GB 25585—2010《食品添加剂　氯化钾》、GB/T 37918—2019《肥料级氯化钾》、GB/T 646—2011《化学试剂　氯化钾》、GB 6549—2011《氯化钾》、GB/T 7118—2008《工业氯化钾》七项。即将实施的是GB/T 37918—2019《肥料级氯化钾》，目前主要执行的是GB 6549—2011《氯化钾》，外观为白色、灰白色、微红色、浅褐色粉末状、结晶状或颗粒状，其技术要求如下表所示：

工农业用氯化钾技术要求

项　目		指　标					
		Ⅰ类			Ⅱ类		
		优等品	一等品	合格品	优等品	一等品	合格品
氧化钾（K_2O）的质量分数（%）	≥	62.0	60.0	58.0	60.0	57.0	55.0
水分（H_2O）的质量分数（%）	≤	2.0	2.0	2.0	2.0	4.0	4.0
钙镁含量（Ca＋Mg）的质量分数（%）	≤	0.3	0.5	1.2	—	—	—
氯化钠（NaCl）的质量分数（%）	≤	1.2	2.0	4.0	—	—	—
水不溶物的质量分数（%）	≤	0.1	0.3	0.5	—	—	—

注：①除水分外，各质量分数均以干基计；②Ⅰ类中钙镁含量及水不溶物的质量分数作为工业氯化钾推荐指标，农业用量不限。

68. 按照生产工艺分类大量元素水溶肥料有哪几类？

大量元素水溶肥料生产过程主要分为物理混配型和化学合成型两种。

（1）物理混配型　该生产技术相对简单。通过物理混配工艺生产的产品，由于各原料的纯度已经确定，导致即使大量元素水溶肥料中很少甚至没有杂质或者不溶物，若滴灌水的硬度较大，钙、镁杂质含量较高，在一定酸度条件下也会产生钙、镁沉淀。此外，由于物理混配型水溶性肥料采用的原料形状、粒度、色泽参差不齐，因此要严格控制产品外观。

（2）化学合成型　该生产工艺技术复杂。要实现全化学反应，必须在生产系统的液相中进行。化学合成型水溶性肥料难点在于合成反应过程，两相、三相甚至更多相的循环溶液在低温冷却结晶过程中会出现重结晶现象，易形成较为复杂的复盐，导致产品氮、磷、钾养分出现波动。

69. 如何通过包装识别大量元素水溶肥料?

大量元素水溶肥料通常被大多数人称为“滴灌肥”，其产品包装标识国家已有全文强制的标准要求：GB 18382—2021《肥料标识、内容和要求》；其产品登记也有标准要求：NY 1107—2020。以上述标准要求为依据，建议通过以下几步快速、简易识别真伪：

（1）看产品通用名称、执行标准和登记证号　包装正面必须标明产品通用名称、执行标准和登记证号。其中，产品通用名称必须是“大量元素水溶肥料”，执行标准必须是 NY 1107—2020，登记证号为农肥（＃＃＃＃）准字 **** 号。＃为产品登记年度，如 2019；* 为登记序号，如 3559。如果包装上未出现或者标注不准确则视为不合格产品；如果标注完备依然对产品有怀疑，可以在网上根据其肥料登记证号查询产品登记信息，登记信息包括生产企业名称、产品技术指标、适用作物、发证日期和有效期。

（2）看大量元素养分含量　包装袋正面应标明单一养分含量和总养分含量，不得将其他元素或化合物计入总养分。单一养分含量应以配合式：氮-磷-钾的顺序，分别标明总氮、有效五氧化二磷、氧化钾的百分含量，如 6－12－42，其总养分应标注为总养分含量≥60％。其中单一养分含量不能低于 4％，三者之和不能低于 50％（液体 400 克/升），若在包装袋上看到大量元素其中一种标注不足4%的，或三者之和不足50%的，说明此类产品不符合登记要求。

（3）看中微量元素和重金属含量　按照产品登记标准要求，大量元素水溶肥料产品必须添加中微量元素，对含量有明确要求而且规定必须在包装袋明示元素种类及含量，其中：大量元素水溶肥料产品（固体中量元素型）中量元素含量≥1%，大量元素水溶肥料产品（固体微量元素型）微量元素含量在0.2%～3.0%。另外，产品执行标准对重金属（汞、砷、铅、镉、铬）离子含量有限量要求而且规定必须在包装袋明示。

（4）看商品名称　如果看见“高效×××”“××肥王”“全元素××肥料”等字样，说明该产品有不实夸大的宣传，不符合肥料包装要求。

第三章　中微量元素肥料

70. 什么是中量元素？

按照《中国百科大辞典》的定义：中量元素又称次要常量元素，即作物营养元素钙、镁和硫等。次要常量元素是与主要常量氮、磷、钾的生产和施用的规模相比较而言的，我国习称中量元素。除提供作物养分之外，中量元素还可以调整土壤的物理性质，促进农业增产。中量元素肥料的生产在很长时间里，都不为人们所重视。原因是在一些常用的肥料品种中，特别是低浓度肥料品种中同时含有钙、镁或硫元素，大气中的二氧化硫通过雨水进入土壤，也是硫元素的来源之一。

按照《常用肥料使用手册》的定义：钙、镁、硫是植物生长发育所必需的三种营养元素。它们在植物体内的含量低于碳、氢、氧、氮、磷和钾，但高于微量元素，被称为中量元素。

在植物营养学中，中量元素是指作物生长过程中需要量次于氮、磷、钾而高于微量元素的营养元素。中量元素一般占作物体干物重的0.1%～1.0%，通常指钙、镁、硫三种元素。由于土壤和一些肥料的陪伴离子中经常含有大量的钙、镁、硫，所以人们经常忽视这三种元素对植物生长的重要性。

71. 钙肥有哪些类型，如何合理施用？

钙在土壤中的变化影响着土壤的物理化学性质，也影响着植物对钙及其他养分的吸收。酸性土壤由于成土因素的原因，钙含量较低并且易随水淋失。南方大部分地区土壤淋洗严重，土壤代换性钙含量低，需要施用钙肥。但在广西、云南等地的石灰岩或含钙红土上发育的土壤中碳酸钙高达3%～11%，代换性钙含量很高，不需要施用钙肥。我国北方多为石灰性土壤，碳酸钙含量在土壤中高达10%以上，土壤缺钙现象很少见。但在我国西北、东北和华北内陆地区还分布着大面积的盐碱土，土壤代换性钠含量很高、代换性钙浓度较低，这些土壤需要施用钙肥。

农业上常用的含钙物料主要包括石灰、石膏等。其他含钙的肥料包括在一些商品肥料中，作为化肥副成分的一些含钙肥料，主要包括过磷酸钙、重过磷酸钙、钙镁磷肥、硝酸钙、硝酸铵钙、石灰氮以及钾钙肥、窑灰钾肥、钢渣磷肥、粉煤灰等。在农业上，通常很少注意给农作物补充钙肥，但在实际操作中，钙肥却随着其他肥料的投入而进入农田，对作物起到钙营养的作用。水肥一体化中常用的钙肥包括：①硝酸钙，化学式 $Ca(NO_3)_2$，白色结晶，极易溶于水，吸湿性较强，极易潮解；②氯化钙，化学式 $CaCl_2$，白色粉末或结晶，吸湿性强，易溶于水，水溶液呈中性，属于生理酸性肥料；③硝酸铵钙，化学式 $Ca(NO_3)_2 \cdot NH_4NO_3$，属中性肥料，生理酸性小，溶于水后呈弱酸性；④螯合态钙，化学式 EDTA-Ca，白色结晶粉末，易溶于水，钙元素以螯合态存在。

石灰是酸性土壤上常用的含钙肥料，在土壤 pH 5.0～6.0 时，石灰每公顷适宜用量为：黏土地 1 100～1 800 千克，壤土地 700～1 100 千克，沙土地 400～800 千克；土壤酸性大可适当多施，酸性小可适当少施。石膏是碱性土常用的含钙肥料，石膏每公顷用量1 500千克或含磷石膏每公顷用 2 000 千克左右。硝酸钙、氯化钙、氢氧化钙可用于叶面喷施，浓度因肥料作物而异，在果树、蔬菜上硝酸钙溶液喷施浓度为 0.5%～1.0%。

72. 钙如何影响作物的生长及品质?

钙是植物生长发育的必需营养元素，其在植物的生长发育及新陈代谢中的作用是其他营养元素不可代替的。适量的钙才能维持植物正常的生长；同时，钙还是植物细胞内连接细胞外信号刺激与胞内代谢反应的胞内第二信使连接，调节许多细胞活动；此外，钙在稳定细胞壁、维持细胞膜通透性及膜蛋白的稳定性方面发挥着重要作用。具体如下：

（1）钙是植物生长发育必需的营养元素　钙是植物生长发育所必需的中量元素之一，植物体内的钙含量因生活环境、植物种类及植物器官而异，正常条件下植物钙占干重的0.1%～5.0%，单子叶植物正常生长的需钙量要低于双子叶植物。

（2）钙对细胞壁的稳定作用　细胞壁是钙最大的贮藏库，钙对维持植物细胞的结构稳定性起重要作用。钙在质外体中含量最多，其作用主要有两方面：一方面与果胶形成果胶钙，连接果胶质增加细胞壁的稳定性；另一方面发挥果胶的机械性能。

（3）钙对细胞膜的稳定作用　钙作为细胞膜的保护离子，对膜功能的维持被认为是钙在细胞外作用到细胞质膜外表面上的结果。钙通过桥接膜上磷酸盐与磷脂及蛋白质的羟基来稳定细胞膜。

（4）钙促进细胞伸长和分泌　钙参与植物细胞伸长和分泌过程。在没有外源钙供应时，根系在数小时内就会停止伸长，主要原因是由于缺钙能够抑制细胞伸长。细胞伸长需要在细胞壁松弛的环境下完成，该过程包含生长素诱导质外体环境酸化及果胶链上交联果胶的钙的取代作用。

（5）钙元素对植物逆境胁迫的调控作用　植物受到胁迫后，胁迫信号会激活各个部位膜上的钙通道，增加细胞质中游离钙离子的浓度；胁迫消失后，细胞质内的游离钙离子也回到了正常水平。外源钙能够抑制细胞内氧化产物产生、稳定膜结构。当植物受到盐、干旱、低温、高温、缺氧及氧化胁迫时，外源钙可以提高植物超氧化物歧化酶（SOD）、过氧化物酶（POD）、过氧化氢酶（CAT）的活性，提高植物对逆境的适应性。

（6）钙对植物种子萌发的影响　钙对种子萌发的作用不仅是作为营养物质，而且还能在生理学上防止膜损伤和渗漏，稳定膜结构和维持膜的完整性，提高种子活力，促进胚芽胚根的伸长。

73. 作物缺钙有哪些症状？

钙很难从老叶向新生叶片转移，是不可移动元素。蔬菜缺钙症状主要表现在顶芽、叶腋、根尖和果实等部位。主要症状为：生长发育受阻，植株矮小，生长点萎缩，顶芽枯死，生长缓慢或停止；幼叶叶缘变褐色并逐渐坏死；根短，根尖枯死，严重缺钙时根尖腐烂；生殖器官不结实或发育不良。如番茄缺钙时，上部叶片变黄，但下部叶片保持绿色；近腺部的茎呈坏死组织的斑点，茎软而下垂，其典型症状是番茄脐腐病。

主要作物缺钙症状如下所述：

① 小麦。生长点及茎尖端死亡，植株矮小或簇生状，幼叶往往不能展开，长出的叶片常出现缺绿现象。根系短，分枝多，根尖分泌透明黏液，似球形附在根尖上。

② 玉米。植株矮小，叶缘有时呈白色锯齿状不规则破裂，茎顶端呈弯钩状，新叶尖端粘连，不能正常伸展，老叶尖端也出现棕色焦枯。

③ 马铃薯。幼叶边缘出现淡绿色条纹，叶片皱缩。严重时顶芽死亡，侧芽向外生长，呈簇生状。根部易坏死，块茎小，有畸形成串小块茎，块茎表面及内部维管束细胞常坏死。

④ 水稻。症状先发生于根及地上幼嫩部分，植株矮，呈未老先衰。幼叶卷曲、干枯。新生叶片前端及叶绿枯黄，老叶仍持绿色，结实少，秕粒多。

⑤ 大豆。叶片卷曲，老叶上会出现灰白色小斑点，叶脉变为棕色，叶柄软弱、下垂，不久即枯萎死亡。茎顶端弯钩状卷曲，新生幼叶不能伸展，易枯死。

74. 土壤中钙的主要形态有哪些？

土壤中的钙素主要有无机态钙和有机态钙两大类，具体到形态有：矿物态钙、交换态钙、溶液态钙和有机态钙。

（1）矿物态钙　一般占总钙量40%～90%，是主要钙素形态，但矿物态钙存在于土壤固相的矿物晶格中，是植物不能直接利用的钙。土壤含钙矿物主要是硅酸盐矿物，如钙斜长石、钠钙斜长石、辉石、角闪石等；还有非硅酸盐含钙矿物，如方解石、白云石，以及硫酸盐类的石膏和磷灰石等。含钙矿物分解后进入土壤溶液，大部分被淋失，一部分被土壤胶体所吸附成为代换性钙，还有一部分与重碳酸根离子结合成重碳酸钙。矿物态钙是土壤钙的主要来源。

（2）水溶态钙　指存在于土壤溶液中的钙，是植物可以直接吸收的钙素形态。

（3）代换态钙　指吸附在胶体表面的，能被其他代换性阳离子所代换出来的钙。一般代换态钙占总钙量的20%～30%。土壤代换态钙也是作物可利用的有效态钙。

（4）有机态钙　指存在于土壤中动、植物残体中的钙，分解后一部分被淋失，一部分转化为代换性钙。

在四种钙素形态中，水溶态钙和代换态钙是作物可以直接利用的有效态钙，矿物态钙和有机物中的钙一般作为作物钙营养的供应潜力来看待。土壤供钙水平主要取决于代换性钙的供应容量的大小。

75. 镁肥有哪些类型？

土壤中的镁素包括矿物态镁、交换态镁、非交换态镁（缓效态镁）、溶液态镁、有机物中的镁。含镁肥料主要有氯化镁、硫酸镁、石灰粉、生石灰（白云石烧制）、菱镁矿、光卤石、钙镁磷肥、钢渣磷肥、钾镁肥、钾钙肥等。水肥一体化条件下，主要镁肥包括以下几种：

（1）六水合硝酸镁　镁含量15.5%，产品特征：无色单斜晶体，极易溶于水、液氯、甲醇及乙醇。

（2）六水合氯化镁，镁含量40%～50%，产品特征：无色结晶体，呈柱状或针状，有苦味，易溶于水和乙醇。

（3）七水硫酸镁　镁含量9.9%，产品特征：白色结晶，易溶于水，稍有吸湿性，水溶液为中性，属生理酸性肥料。

（4）螯合镁　镁含量6.0%，产品特征：白色结晶粉末，易溶于水，镁元素以螯合态存在。

但土壤中大量存在的钙、镁、铁和铝等离子与磷酸盐作用生成难溶化合物，导致磷的移动性大大降低，且可逆性差，磷酸根很难再释放。若滴灌水的硬度较大，钙、镁杂质含量较高，在一定酸度条件下也会产生钙、镁沉淀。当水源中同时含有碳酸根和钙、镁离子时可能使滴灌水的 pH 增加进而引起碳酸钙、碳酸镁的沉淀，从而使滴头堵塞。

76. 镁如何影响作物的生长及品质?

镁是叶绿素的组成成分，缺镁时作物合成叶绿素受阻；镁是糖代谢过程中许多酶的活化剂；镁促进磷酸盐在植物体内运转；镁参与脂肪代谢和促进维生素 A 和维生素 C 的合成。

（1）参与光合作用和碳水化合物的合成　有研究表明，缺镁植物叶片易发生或加剧光抑制现象。镁存在于植物体内叶绿素分子中心，占叶绿素相对分子质量的 2.7%，对维持叶绿体结构举足轻重。植物一旦缺镁，叶绿体结构受到破坏，基粒数下降、被膜损伤、类囊体数目降低。

（2）镁是多种酶的活化剂　植物体中参与光合作用、糖酵解、三羧酸循环、呼吸作用、硝酸盐还原等过程的酶都需依靠镁来激活。Clarkson 和 Hanson（1980）曾将需要或被镁激活的酶分为三类：① 转移磷酸基团和核苷的酶类；② 转移羧基基团的酶类；③ 部分脱氢酶、变位酶和裂解酶。

（3）影响氮代谢　镁可以提高硝酸还原酶的活性水平，镁能稳定蛋白质合成所必需的核糖体构型，缺镁导致核蛋白体解离成小的核蛋白体亚单位。

（4）镁参与脂肪和类脂的合成。

（5）镁参与蛋白质和核酸的合成。

77. 作物缺镁有哪些症状?

镁主要存在于幼嫩器官和组织中，植物成熟时则集中于种子。植物常见的缺镁症状一般分为两种类型：一是禾本科作物（水稻、玉米、小麦等）主要症状是下叶位的叶身前端及叶脉间呈条纹状褪绿。二是表现为叶片全部失绿，主侧脉和细脉保持绿色；或是沿主脉呈斑状褪绿，叶片边缘完好，形成清晰黄绿相间网状花叶；或是从叶尖和叶片边缘开始褪绿黄化，形成掌状黄绿或红绿相间的花叶，严重时边缘坏死，早衰。而无镁时，植株会死亡。

棉花老叶脉间失绿，网状脉纹清晰，以后出现紫斑甚至全叶变红，叶脉保持绿色，呈红叶绿脉状，下部叶片提早脱落。马铃薯老叶的叶尖、叶缘及脉间褪绿，并向中心扩展，后期下部叶片变脆增厚。严重时植株矮小，使绿叶片变棕色而坏死、脱落，块根生长受抑制。蔬菜作物一般为下部叶片出现黄化。芹菜首先在叶缘或叶尖出现黄斑，逐步坏死。甜菜、萝卜等通常在叶脉组织间出现显著黄斑，并呈不均匀分布，但叶脉组织仍保持绿色。苹果叶脉间呈现淡绿斑或灰绿斑，常扩散到叶缘，并迅速变为黄褐色转暗褐色，随后叶脉间和叶缘坏死，叶片脱落，果小着色不良，风味差。葡萄的较老叶片脉间先呈黄色，后变红褐色，叶脉绿色，最后斑块坏死，叶片脱落。禾谷类作为早期叶片脉间褪绿出现黄绿相间的条纹花叶，严重时呈淡黄色、黄白色。玉米先是出现条纹花叶，后叶缘出现显著紫红色。

78. 硫肥有哪些类型，新疆土壤为何不需要施硫肥?

土壤中的石膏（$CaSO_4 \cdot 2H_2O$）和芒硝（$Na_2SO_4 \cdot 10H_2O$）等都是含硫的硫酸盐矿物，在干旱、半干旱地区土壤中都有一定的溶解度，是土壤 SO_4^{2-} 的主要来源。硫肥主要的种类有硫黄（即元素硫）和液态二氧化硫。它们施入土壤以后，经氧化硫细菌氧化后形成硫酸，其中的硫酸根离子即可被作物吸收利用。其他种类有石膏、硫酸铵、硫酸钾、过磷酸钙以及多硫化铵和硫黄包膜尿素等。

（1）硫黄　硫黄是一种淡黄色脆性结晶或粉末，有特殊臭味，别名硫、胶体硫、硫黄块，硫黄相对分子质量为 32.06。硫黄是无机农药中的一个重要品种，商品为黄色固体或粉末，有明显气味，能挥发。

（2）石膏　石膏是单斜晶系矿物，是主要化学成分为硫酸钙（$CaSO_4$）的水合物。理论组成：CaO 32.5%，SO_3 46.6%，H_2O

20.9%。成分变化不大。常有黏土、有机质等混入物，有时含 SiO_2、Al_2O_3、Fe_2O_3、MgO、Na_2O、CO_2、Cl 等杂质 。

新疆的滴灌农田通过以下五方面措施在不断补充土壤硫。

(1) 滴灌施肥中硫已经伴随着施肥　由于新疆罗布泊具有丰富的硫酸钾资源，所以新疆很多滴灌肥或者水溶肥的钾肥原料都是硫酸钾，而且农户购买的钾肥也多数选择的是硫酸钾，而硫酸钾中不仅有钾，还有硫。另外，部分企业和农户施用硫酸铵的肥料，这也在补充硫肥。

(2) 新疆土壤中硫含量普遍较高　土壤盐分八大离子是由土壤阴离子和阳离子组成，阴离子由碳酸根（CO_3^{2-}）、碳酸氢根（HCO_3^-）、氯根（Cl^-）、硫酸根（SO_4^{2-}）组成，阳离子由钙离子（Ca^{2+}）、镁离子（Mg^{2+}）、钾离子（K^+）、钠离子（Na^+）组成。因此，硫酸根就是盐碱地的一个重要组成部分。大部分盐碱地与硫酸根密切相关，土壤本身硫含量也较高。

(3) 地下水中盐含量较高，地下水毛管作用也在补充硫。

(4) 新疆滴灌棉田定时和不定时化控和植保，补充着土壤的硫库。

(5) 新疆煤化工较多，部分企业脱硫设备运行状况一般，污染环境的同时也在补充土壤硫库。

植物体内的硫与磷相当，但对不同的作物来说，对硫的需要量各有不同。硫肥用量的确定除了看土壤含硫量和作物需硫量外，还要考虑氮、硫的比值。一些试验表明，只有氮、硫比值接近 7 时，氮和硫才能都得到有效的利用。但不同的土壤，氮、硫基础含量不同，氮、硫比值也有差别。

79. 硫如何影响作物生长？

硫是植物生长发育过程中重要的营养元素之一，是许多生理活性物质的组成成分，参与了植物细胞质膜结构的表达、蛋白质代谢和酶活性调节等重要生理生化过程，以多种方式直接或间接地影响植物的抗病性。

（1）降低土壤 pH　土壤中施用硫会导致其 pH 降低，pH 降低能够促进土壤中的硫转化、运输与吸收，并提高土壤微量元素的有效性，有利于植物吸收各种营养元素。

（2）参与光合作用　植物体内的硫脂是高等植物内同叶绿体相连的最普遍的组分。硫脂是叶绿体内一个固定的边界膜，与叶绿素结合和叶绿体形式相关。

（3）硫与酶活性　二硫键对酶蛋白的构象贡献很大，这种构象对于酶活力是必需的。一些二硫键对于生物活性的维持是必要的。

（4）参与蛋白质合成　硫是组成蛋白质的半胱氨酸、胱氨酸和蛋氨酸等含硫氨基酸的重要组成成分，其含硫量可达 21%～27%。

（5）脂类合成　硫素对膜脂类合成的贡献主要有两个途径：其一，它本身就是硫脂的组分；其二，它可帮助脂类的合成。

（6）硫与植物的抗逆性　植物体内的一些含硫化合物（如谷胱甘肽）可通过一些生化反应途径淬灭逆境产生的游离基团，从而提高植物体的抗逆性；硫还与植物的抗盐性有关，硫脂可能参与离子跨膜运输的调控，植物根中硫脂的含量与植物的抗盐性呈正相关。

（7）硫还可以调节植物对主要营养元素的吸收。

80. 作物缺硫有哪些症状？

植物体内的硫可分为有机硫化合物和无机硫酸盐两种形态，绝大部分有机硫以蛋白质形式出现，少量以含硫氨基酸形式存在，形态和含量比较稳定。无机硫则多是根系以硫酸盐的形式自土壤中吸收的，很少量的硫来自地上部分对大气二氧化硫的吸收，被吸收的 SO_2 在形成 SO_4^{2-} 后再进入同化途径；植物从土壤中吸收硫主要以硫酸根的形式进入植物体内，土壤中的有机硫必须转化为 SO_4^{2-} 才能被植物吸收利用。

由于硫是植物生长发育所必需的营养元素，当环境中有效硫供应不足，不能满足植物生长发育对硫的需要时，植物就表现出缺硫症状，营养生长与生殖生长均会受到影响。不同植物的缺硫症状不尽相同，但都表现为叶片失绿发黄，功能期变短，心叶失绿黄化，茎秆细弱，植株矮小，发育不良，开花结果时间延长，果实减少等；严重的难以形成生殖器官，不能完成生长史。

一般来说，植物体内的硫与磷相当，但对不同的作物来说，对硫的需要量各有不同。例如，油菜对硫的需求就是禾谷作物的3倍。有较高蛋白质含量的作物或者生长迅速的作物对硫的需求就比其他作物要强。典型作物缺硫症状如下：

① 小麦。植株色浅绿，幼叶失绿较老叶更明显，严重缺硫时，叶片出现褐色斑点。

② 油菜。初始表现为植株浅绿色，幼叶色泽较老叶浅，以后叶片逐渐出现紫红色斑块，叶缘向上卷曲，开花结荚迟，花荚少、色淡，根系短而稀。

③ 水稻。返青迟，分蘖少或不分蘖，植株瘦矮，叶片薄而片数少，幼叶呈浅绿色或黄绿色，叶尖有水渍状圆形褐色斑点，叶尖枯焦。根系暗褐色，白根少，生育期推迟。

④ 棉花。植株矮小，整株变为淡绿或黄绿色，生育期推迟。

⑤ 大豆。新叶淡绿至黄色，叶脉叶肉失绿，但老叶仍呈均匀的浅绿色，后期老叶也失绿发黄，并出现棕色斑点，植株细弱，根系瘦长，根瘤发育不良。

⑥ 马铃薯。叶片和叶脉普通黄化，症状与缺氮相似，但叶片并不提前干枯脱落，极度缺硫时，叶片上出现褐色斑点。

81. 什么是微量元素？

按照《农业大词典》的定义：微量元素是针对大量元素和中量元素而言的一个相对概念。从广义来说，它泛指自然界或自然界的各种物体中含量很低的，或者说很分散而不富集的那些元素。从狭义而言，农业上所说的微量元素则是指植物体中含量很少，特别是植物生育期内需要量很少的那些元素。但究竟含量低到什么程度才叫微量元素呢？一般认为含量在 $n\times10^{-6}\sim n\times10^{-5}$，即百万分之几到十万分之几，最高不超过千分之一范围内的所有化学元素，都统称为微量元素。高等植物正常生长发育或生活所必需的微量元素

（亦称微量营养元素）有硼、锰、铜、锌、钼、铁和氯等。

在植物营养学中，植物体除需要钾、磷、氮等元素作为养料外，还需要吸收极少量的铁、硼、锰、铜、钼等元素作为养料，这些需要量极少但又是生命活动所必需的元素，被称为微量元素。

按照 GB/T 6274—2016《肥料和土壤调理剂术语》的定义：微量元素是植物生长所必需的、但相对较少的元素，包括硼、锰、铁、锌、铜、钼等。

82. 铁肥有哪些类型？

肥料投入是土壤中铁的来源之一，包括铁肥和非铁肥的施用两个方面。一般情况下，铁肥的投入是主要的，而氮肥、磷肥、钾肥、有机肥、石灰中铁的含量微乎其微，目前铁肥的应用越来越广泛，尤其是在果树上。国内常用铁肥品种主要有以硫酸亚铁为主的无机铁肥和一些有机物与铁复合形成的铁肥（木质素磺酸铁、腐殖酸铁）。

（1）无机铁肥　无机铁肥包括可溶解的铁盐（如七水硫酸亚铁）和不可溶解的铁化合物及一些铁矿石和含铁的工业副产品，这些铁肥价格相对低廉；在 pH 较高的石灰性土壤上施用可溶性无机铁肥的效果较差，因为这些铁肥中的铁会迅速沉淀并转化成难溶的铁化合物（如氢氧化铁），即使增加铁肥的施用量，其效果仍不是很理想。

（2）螯合铁肥　螯合铁肥一般由对铁有高度亲和力的有机酸与无机铁盐中 Fe^{2+} 螯合而成，常见螯合剂：乙二胺四乙酸（EDTA）、二乙三胺五乙酸（DTPA）、羟乙基乙二胺三乙酸（HEEDTA）、乙二胺二邻羟苯基乙酸（EDDHA）、乙二胺二乙酸（EDDHMA）、乙酸（EDDHSA）等。螯合铁肥可适用不同 pH 类型土壤，肥效较高，可混性强，但价格较贵，常在经济价值较高的作物上施用。

（3）有机复合铁肥　有机复合铁肥是指一些来源于天然有机物与铁复合形成的铁肥，如木质素磺酸铁、葡糖酸铁、腐殖酸铁等。

在土壤中，有机复合铁肥不如螯合铁肥稳定，它们容易发生金属离子和配位体的交换反应，并且在土壤中易被吸附，肥效降低，因此，常被用作无土栽培和叶面喷施的肥料。有机复合铁肥矫治作物缺铁的效果不如螯合铁肥，但其价格便宜且易降解，农业生产中也常用。

（4）缓释铁肥　缓释铁肥不溶于水，由直链磷酸盐部分聚合而成，磷酸盐链作为阳离子交换的骨架，这些磷酸盐可以被柠檬酸、DTPA 等对铁有高亲和力的有机物所溶解。

83. 铁如何影响作物的生长?

铁元素在许多植物器官中发挥着十分重要的作用。铁在植物体内的生理生化功能主要有以下四个方面：

（1）参与叶绿素合成　铁虽然不是叶绿素的组成部分，但在叶绿素前体合成过程中不可缺少。

（2）参与光合作用　植物体内许多含铁化合物都参与光合作用过程中的一些反应，如细胞色素氧化酶复合体、铁氧还蛋白、血红素、豆血红素等。植物缺铁时，这些物质含量及含铁酶活性均显著降低，无疑会影响光合作用的正常进行。

（3）参与呼吸作用　一些与呼吸作用有关的酶中均含有铁，如细胞色素氧化酶、过氧化物酶、过氧化氢酶等，铁常处于这些酶结构中的活性部位，植物缺铁时，这些酶活性会受到影响，并进一步使植物体内一系列氧化还原作用减弱。

（4）生物固氮作用　固氮酶由铁钼蛋白和铁蛋白组成。这两种蛋白单独存在时都不呈现固氮酶活性，只有两者聚合构成复合体时才有催化氮还原的功能。

84. 作物缺铁及过量有哪些症状?

缺铁症状：铁是植物体内最不容易转移的元素之一，由于叶绿体的某些叶绿素-蛋白复合体合成需要铁，所以缺铁时会出现叶片叶脉间缺绿。缺铁先表现为嫩叶缺绿，而老叶正常。缺绿叶片开始叶肉变黄，叶脉仍绿，继而叶片变白，叶脉变黄，叶片两侧中部或叶尖出现焦褐斑坏死组织，久之叶片干裂易脆，坏死组织继续扩大，致使叶片脱落。与缺镁症状相反，缺铁发生于嫩叶，因铁不易从老叶转移出来，缺铁过甚或过久时，叶脉也缺绿，全叶白化，华北果树的“黄叶病”就是植株缺铁所致。

铁中毒症状：铁在植物体内积累过量时会表现出明显的毒害特征，使植物体内代谢紊乱、生物量减少、根系生长受抑制，造成根部有铁斑以及叶片有褐色斑点，严重时会导致植物死亡。据报道，由于铁毒性导致的水稻产量损失在12%～100%，损失差异主要取决于胁迫强度和栽培品种。

85. 土壤中的铁有哪些形态？

土壤中铁的含量变化幅度较大，变化范围为1.05%～4.84%，平均为2.94%。我国主要土壤的铁含量如下：灰漠土1.45%～3.03%，棕钙土1.74%～3.10%，黑钙土1.80%～3.50%，褐土2.57%～3.65%，棕壤2.14%～3.64%，黄壤1.87%～4.57%，红壤2.09%～5.47%，砖红壤0.98%～3.08%，紫色土2.71%～4.11%。

土壤中铁以多种形态存在，主要有水溶态、交换态、配位吸附态、有机结合态、氧化物和碳酸盐结合态、矿物态等。不同形态的铁在土壤中的移动性和对植物的有效性均有所不同，直接有效的是水溶态。

（1）水溶态　指土壤溶液中的铁，一般为无机、有机配合物或水解产物。水溶态铁对植物的有效性很高，但由于其含量很低，一般只有0.02～0.07毫克/升，因此远远不能满足植物生长的需要。

（2）交换态　指被矿物质和有机胶体表面通过离子交换吸附方式保持的那部分铁。一般被吸附在亲和能力较强的部位，因此只有电解质浓度较高时才能代换下来，在中性和碱性土壤上其含量不超过1毫克/千克，随着土壤pH降低，其含量有所升高。

（3）配位吸附态　指被土壤胶体紧密吸附，或与土壤中的有机螯合剂结合的那一部分铁，通常用强交换剂或螯合剂如EDTA、

DTPA 等浸提。

（4）有机结合态　指与土壤中难溶性有机物质结合的那部分铁，包括难溶性有机酸盐和螯合作用结合的铁，这部分铁在土壤中的数量较少，但分解后对植物的有效性较高。

（5）氧化物和碳酸盐结合态　指氧化物或碳酸盐表面吸附的铁。这部分铁的有效性很低，因为在土壤中它们可以不断被后来沉淀的氧化物或碳酸盐包被起来，成为闭蓄态；或者通过固相扩散作用，进入氧化物和碳酸盐内部；或者与其他元素一起生成氧化物或碳酸盐共沉淀。

（6）矿物态　主要指原生矿物和次生矿物、铁的硫化物、碳酸盐、氧化物或水化氧化物。

土壤中全铁含量大多在 2%以上，远远高于植物的需求量。但正常土壤中铁的有效性很低，只有极少部分铁能被植物吸收利用。土壤中铁的生物有效性受到多种因素的影响，主要来自土壤和植物两个方面。土壤环境条件是导致植物缺铁的主要因子，包括土壤铁氧化物、土壤 pH、土壤 HCO_3^- 含量、土壤有机质、土壤通气状况、土壤湿度、土壤 Eh、土壤微生物等。植物对土壤铁有效性的影响在于不同植物利用土壤中铁的能力不同。自然界中，铁以 Fe^{2+} 和 Fe^{3+} 两种化合价形态存在，在土壤中由于受土壤 pH 和 O_2 的影响，铁常以比较稳定的 Fe^{3+} 存在，Fe^{2+} 在水中的溶解度非常低，故能被植物吸收利用的铁只占很少的比例。植物主要吸收 Fe^{2+}，Fe^{3+} 在被吸收之前必须先被还原。

86. 锰肥有哪些类型？

微量元素肥料大致可分为以下 3 类：① 单质微肥：这类肥料一般只含一种被作物所需要的微量元素；② 复合微肥：这一类肥料多在制造肥料时加入一种或多种微量元素而制成，它包括大量元素与微量元素，以及微量元素与微量元素之间的复合；③ 混合微肥：这类肥料是在制造或施用时，将各种单质肥料按其需要进行复合。

（1）硫酸锰　分子式为 $MnSO_4 \cdot H_2O$，锰含量为 26%～28%，产品特征：粉红色晶体，易溶于水，易发生潮解。

（2）氯化锰　分子式为 $MnCl_2 \cdot 4H_2O$，锰含量为 27%，产品特征：粉红色晶体，易溶于水，易发生潮解。

（3）EDTA 螯合锰　分子式为 $C_{10}H_{12}N_2O_8MnNa_2 \cdot 3H_2O$，锰含量为 13%，产品特征：粉红色晶体，易溶于水，中性偏酸性。

生产中常将锰肥土施、作种肥或叶面喷施，几种方法各有利弊。土施方便省时，但有效性常常会因土壤吸附固定或其他因素而降低；种肥用肥量少，收效大，成本低，常比直接施入土壤中优越；叶面喷施可避免锰在土壤中被固定，提高其有效性，但需多次喷施，比较费工费时。

87. 锰如何影响作物生长？

锰在植物体内有多种生理作用，是许多酶的催化剂，能提高氮的利用，促进蛋白质的合成，并参与叶绿体的合成，因而是维持植物正常生长所必需的微量营养元素之一。

植物吸收的锰主要是二价锰（Mn^{2+}），不具有生物有效性的三价及四价锰离子则不能被植物吸收。Mn^{2+} 能立即被根细胞吸收，经共质体途径运输到中柱，随后进入木质部并运输到地上部。木质部是 Mn^{2+} 向地上部运输的主要途径，但是植物种类的不同影响 Mn^{2+} 在木质部中的运输形式。

（1）锰是植物叶绿体的组成成分　缺锰易造成叶绿体对光敏感、结构性变差，充足的锰营养有利于提高作物的光合能力，促进作物生长发育。

（2）锰也是硝酸还原酶的活化剂　在植物氮素同化过程中发挥着重要作用，且其通过自身的化合价改变，对植物体内许多氧化还原过程，包括植物的呼吸作用等具有重要的调节作用。

（3）锰是 RNA 聚合酶和二肽酶的活化剂　与氮的同化关系密切，缺锰会抑制蛋白质的合成，造成硝酸盐的积累。

（4）锰对豆类生长的影响较大　能促进氮素的代谢，提高产量。

88. 作物缺锰及过量有哪些症状?

锰的多价态形式（Mn^{2+}、Mn^{3+}、Mn^{4+}）决定了其在氧化还原、光合作用过程中的重要作用，并作为辅助因子激活超过35种不同的酶。锰缺乏通常表现出明显的地理分布规律，所有的石灰性土壤、高pH土壤（干旱和半干旱地区），以及通气状况不良的土壤会出现锰缺乏现象，土壤表面侵蚀也是造成锰缺乏的重要原因。

缺锰症状：锰缺乏的症状首先表现在幼嫩叶片上，与镁相同，锰在植物体内不能移动，但不同的是缺镁症状首先体现在叶龄较大的叶片上。对于双子叶植物，锰缺乏导致叶片出现黄色小斑点，而对于单子叶植物则表现为基叶出现灰绿色带状或斑点，最终导致光合速率降低，干物质积累和产量减少。通常锰缺乏的发生与季节变换有一定关系，当气温降低或湿度过大时，植物根系活力下降，导致植物吸收锰能力下降。缺锰症状幼叶脉间组织慢慢变黄，形成黄绿相间条纹，叶片弯曲下披，区别于缺镁。锰是植物体内酶的激活剂，它对玉米的呼吸作用、光合作用以及叶绿素的形成有重要作用。玉米缺锰症状是从叶尖到基部沿叶脉间出现与叶脉平行的黄绿色条纹，幼叶变黄，叶片柔软下垂，茎细弱，籽粒不饱满、排列不齐，根细而长。

锰中毒症状：植物锰毒症状首先在地上部出现。叶片上出现暗褐色斑点、坏死斑，以及叶尖、叶缘失绿，幼叶上出现色变。但是不同的植物地上部表现锰毒害的症状会有一定的差别，如在马铃薯上表现为茎上出现条状坏死，而黄瓜在受锰毒害时叶片除了出现锰氧化斑点外，叶脉也会变红，在锰毒胁迫十分严重时，根系的生长也会受到影响，主要表现为抑制根系生长和根表皮变褐。抑制植物根系生长的主要原因可能是锰毒导致根尖细胞质受损，根冠细胞和分生细胞质膜破裂。而根表皮变褐的主要原因是根表皮细胞及细胞壁中累积了氧化锰和酚类物质。

由于Mn^{2+}半径介于Ca^{2+}与Mg^{2+}之间且与Fe^{2+}相近，故可能

与 Mg^{2+}、Ca^{2+} 和 Fe^{2+} 在植物根部具有相同的结合位点，过量的 Mn 能够抑制 Fe 和 Mg 等元素的吸收及活性，并可导致叶绿体结构破坏、叶绿素合成下降，因而抑制根系伸长伸展，影响营养元素的吸收，造成叶绿素含量减少，叶片变黄影响作物的正常生长，严重时可致死亡。

89. 锌肥有哪些类型?

锌以二价状态存在于自然界中，主要的含锌矿物为闪锌矿（硫化锌），其次为红锌矿（氧化锌）、菱锌矿（碳酸锌）。含锌矿物分解产物的溶解度大，并以二价阳离子或络合离子等状态存在于土壤中，进而被植物吸收利用。但是，由于受到土壤酸碱度、吸附固定、有机质和元素之间相互关系等因子的影响，锌的溶解度常常会很快降低。目前主要的锌肥类型包括：

（1）七水硫酸锌　分子式为 $ZnSO_4 \cdot 7H_2O$，锌含量为 23%～24%，产品特征：白色或浅橘红色晶体，易溶于水，在干燥环境下失去结晶水而变成白色粉末。

（2）硫酸锌　分子式为 $ZnSO_4 \cdot H_2O$，锌含量为 35%～50%，产品特征：白色流动性粉末，易溶于水，空气中易潮解。

（3）硝酸锌　分子式为 $Zn(NO_3)_2 \cdot 6H_2O$，锌含量为 22%，产品特征：无色四方结晶，易溶于水，水溶液呈酸性。

（4）氯化锌　分子式为 $ZnCl_2$，锌含量为 40%～48%，产品特征：白色晶体，易溶于水，潮解性强，水溶液呈酸性。

（5）EDTA 螯合锌　分子式为 $C_{10}H_{12}N_2O_8ZnNa_2 \cdot 3H_2O$，锌含量为 12%～14%，产品特征：白色晶体，极易溶于水，中性偏酸性。

增施磷肥能提高多种植物体内锌的含量，但当供磷水平超出植物需要时，植株体内锌的含量将下降。土壤有机质对土壤锌的影响有正反两方面：有机质含量的增加能够提高锌的有效性，矫正作物缺锌；但是在某些情况下，锌因与有机质配合而被固定，使土壤锌的有效性降低。土壤 pH 较高的碱性土壤上作物易缺锌；酸性土壤上的锌有效性高，随着 pH 的升高，锌被吸附的量也增加，土壤中有效锌的浓度降低。

90. 锌如何影响作物生长?

锌是许多植物体内酶的组分或活化剂，能够促进蛋白质的代谢、促进生殖器官的发育，同时还能够参与生长素的代谢、参与光合作用中二氧化碳的水合作用，能提高植物的抗逆性等。

（1）锌影响植物的光合作用和呼吸作用　缺锌时，植株的光合速率、叶片中叶绿素含量以及硝酸还原酶活性下降，蛋白质的合成受阻；缺锌降低了叶片中碳酸酐酶的活性，进而降低了叶片的光合速率；叶绿体内自由基和蔗糖的累积，造成了叶绿体结构破坏、功能紊乱、叶片角质加厚、气孔开度降低、二氧化碳化合能力下降。

（2）锌参与氮的代谢过程　锌与蛋白质代谢有密切关系，是合成蛋白质必需的 RNA 聚合酶、影响氮代谢的蛋白酶和合成谷氨酸的谷氨酸脱氢酶的组成成分。缺锌通过影响 RNA 的代谢进而影响蛋白质的合成，造成植物体内游离氨基酸的累积。

（3）锌是影响蛋白质合成的最为显著的微量元素之一。

（4）缺锌会使作物中生长素的浓度降低　在缺锌的状况尚未损害植物的正常生长或尚未出现任何可见症状时，植物体内的生长素已经开始减少。在补充适量的锌后，生长素的浓度也会增加。

（5）锌有助于提高作物的抗逆性，增强作物对不良环境的抵抗力。

91. 作物缺锌及过量有哪些症状?

在适量锌供给下，大部分锌被转运到地上部，被植物吸收的锌在某些阶段也可再次被运输到其他部位，如从叶、茎、根转入种子中，过量的锌供给导致大部分锌富集在根部，其中一部分属于奢侈吸收。锌在作物中的积累主要集中在根部，茎尖和幼嫩的叶片中次之，且植物幼嫩部位比衰老组织含锌量高，籽实中的含量更低。

缺锌症状：锌影响植物体内生长素的合成，所以植物缺锌时，植株矮小，叶子的分化受阻，而且畸形生长，很多植物的幼苗缺锌时，会发生“小叶病”，有时呈簇生状，叶片脉间失绿黄化，有褐色斑点，并逐渐扩大成棕褐色的坏死斑点。缺锌对作物的生长影响十分明显。有些作物因缺锌不能授粉、不能结实而大大降低产量。作物缺锌在不同作物上表现各异。玉米苗期出现“白芽症”，又称“白苗”“花白苗”，成长后称“花叶条纹病”“白条干叶病”。水稻缺锌引起的形态症状名称很多，大多称“红苗病”，又称“火烧苗”，一般症状表现为新叶中脉及其两侧特别是叶片基部首先褪绿、黄化，有的连叶鞘脊部也黄化，以后逐渐转变为棕红色条斑，有的出现大量紫褐色小斑，遍布全叶；植株通常有不同程度的矮缩，严重时叶枕距平位或错位，老叶叶鞘甚至高于新叶叶鞘，称为“倒缩苗”或“缩苗”。马铃薯生长受抑，节间短，株型矮缩，顶端叶片直立，叶小，叶面上出现灰色至古铜色的不规则斑点，叶缘上卷。严重时叶柄及茎上均出现褐点或斑块。豆科作物生长缓慢，下部叶脉间变黄，并出现褐色斑点，逐渐扩大并连成坏死斑块，继而坏死组织脱落。大豆缺锌的特征是叶片呈柠檬黄色；蚕豆出现“白苗”，成长后上部叶片变黄、叶形变小。

锌中毒症状：过量的锌可致使植物锌中毒，并会直接影响植物对其他矿质营养元素的吸收，造成植物失绿和生长障碍，甚至导致死亡。过量的锌会伤害植物根系，阻碍植物根系生长，地上部分有褐色斑点和坏死。当用被锌污染的水灌溉水稻时，若土壤溶液锌含量达 2.25 毫克/千克，则叶片变成淡绿色；若土壤溶液锌含量达 4.5 毫克/千克，则叶片变成淡绿色，生长不良；若土壤溶液锌含量达 11.4 毫克/千克，则叶片褐色斑点。过量的锌可致使植物锌中毒，也可间接影响植物对铁的吸收，造成缺铁失绿和生长障碍，甚至导致死亡。解剖学研究表明，锌营养过剩时细胞结构破坏，叶肉细胞严重收缩，叶绿体明显减少。从形态上来看，锌过量时植株矮小，叶片黄化。

92. 土壤中的铜有哪些形态，铜肥有哪些类型？

土壤中铜以多种形态存在，主要有以下五种，即水溶态、有机结合态、交换态、氧化结合态和矿物态。但多数情况下，植物缺铜是土壤中铜的有效性低引起的。影响土壤中铜有效性的因素有土壤pH、温度、有机质含量、氧化还原条件、气候条件以及其他元素与之相互作用。

在缺铜的土壤中施用铜肥能显著地提高作物的产量。农业生产上施用的铜肥有：五水硫酸铜（$CuSO_4 \cdot 5H_2O$），含铜量为25%，易溶于水，是农业上常用的铜肥；氧化铜（CuO）和氧化亚铜（Cu_2O），含铜量为75%和89%，难溶于水，一般与有机肥混合作基肥；络合铜肥有乙二胺四乙酸铜钠盐（$C_{10}H_{12}N_2O_8CuNa_2 \cdot 2H_2O$），含铜量为13%，易溶于水，喷施、浸种均可。

铜肥可作基肥、种肥和叶面肥施用。对铜肥效率而言，肥料的溶解度并非第一位考虑的问题，最重要的是肥料与根系的接触面；新疆施用的铜肥主要是硫酸铜，多用于果树上。铜肥可用作基肥、叶面喷施和种子处理。

93. 铜如何影响作物生长？

铜是植物生长发育的必需元素，它广泛参与植物生长发育过程中的多种代谢，对维持植物正常代谢及发育起着重要的作用。

（1）铜是叶绿体的组成成分，铜大部分集中在叶绿体中 这些铜在叶绿体中形成类脂物质，对叶绿素及其他色素的合成和稳定起促进作用。另外，铜是叶绿体中质体蓝素的组成成分，质体蓝素是光合作用过程中电子的传递体。在光合作用系统中，铜通过本身化合价的变化，起电子传递作用。

（2）铜是某些氧化酶的组成成分，可促进作物呼吸作用和新陈代谢过程 农作物体内的一些酶，如多酚氧化酶、抗坏血酸氧化酶、细胞色素氧化酶、苯丙氨酸解氨酶、苯丙烷合成酶、乳酸氧化酶、脱氢多酸氧化酶等都是含铜的酶。这些酶的作用，一是促进作物呼吸作用的正常进行，二是促进农作物新陈代谢作用。

（3）铜是亚硝酸和次亚硝酸还原酶的活化剂，能促进农作物体内的硝酸还原作用　农作物从土壤中吸收的氮素，多数是硝态氮，硝态氮转化为铵态氮后，才能均衡形成组氨酸、赖氨酸、谷氨酸等，进一步促进蛋白质的合成。铜是亚硝酸和次亚硝酸还原成铵态氮不可缺少的元素。

（4）铜能增强农作物抗病害能力　主要机制：一是铜能促进作物细胞壁木质化，使病菌难以侵入作物体；二是铜能促进作物体内聚合物的合成，杜绝了病菌的营养源。

94. 作物缺铜及过量有哪些症状？

缺铜症状：作物缺铜时，叶片畸形，并出现失绿黄化症状，易枯死；生殖生长受阻，种子发育不良或不实。粮食作物缺铜时，叶片黄化、植株矮小、叶尖萎蔫，老叶舌处弯曲并易折断，分蘖和侧芽增多，不能抽穗或因花粉不育而不结实；果树缺铜时，上部叶片畸形，新梢萎缩枯萎；牧草缺铜全株发育不良，颜色发黄，生长点和幼叶尖死亡；豆科作物缺铜时，叶片不失绿，但萎蔫、干枯易脱落；棉花缺铜时，根系发育不良，植株生长细弱，蕾铃易脱落，开花成熟推迟；小麦缺铜时，拔节期叶片前端黄化，分蘖枯萎甚至发展为群体干枯绝收，孕穗期剑叶褪淡黄化，叶形变小，叶片变薄下披或叶身中后部失绿白化，上位叶枯白干卷成纸捻状；玉米缺铜时，上部幼叶变黄，生长矮化，下部叶间隔失绿，叶顶部严重失绿坏死；高粱缺铜时，表现为上部叶片变黄，向下卷曲，并向下发展，叶顶发生灼烧状，严重矮化；水稻缺铜时，表现为叶顶失绿，发展到中脉两边，顶部棕色、坏死，新叶不展、成针状，基部枯死；马铃薯缺铜时，表现为叶片松弛、萎蔫或坏死，幼叶严重失绿；糖用甜菜缺铜时，表现为叶片青绿或失绿，叶缘坏死，主根生长短小，呈棕褐色，叶卷缩，花少或不成花；甘蓝缺铜时，叶片失绿，生长矮化，结球小。

铜中毒症状：铜是作物中重要的微量元素，作物需要的铜含量较小，适合作物生长的铜含量范围很窄，过量的铜会影响植物的正常代谢，使得植株根系生长受到抑制，生长量下降，对植物产生严重的毒害作用。过量的铜对植物会造成毒害，大量的铜离子能够干扰细胞代谢平衡，扰乱代谢过程，造成细胞内部系统紊乱；引起部分酶的变性，使其空间构象改变而失活；催化植物体内发生反应产生过氧化物，破坏细胞组分，DNA 构象发生改变。作物铜中毒的主要症状为根系伸长严重受阻，褐变畸形，出现“鸡爪根”；叶片黄化并有褐斑，叶面积减小，水分代谢、光合作用、呼吸作用等各种生理代谢发生紊乱；麦类作物叶片前端扭曲，下位叶枯死。铜过剩还会阻碍铁的吸收，有时会出现缺铁症状。

95. 土壤中的钼有哪些形态，钼肥有哪些类型？

世界土壤中钼含量是 0.5～5.0 毫克/千克，平均为 2 毫克/千克。我国土壤全钼含量为 0.1～6.0 毫克/千克，平均为 1.7 毫克/千克，大多数集中在 2.0 毫克/千克以内。酸性土壤中有效钼含量较低，所占全钼比例小，在石灰性土壤中则相反，特别是干旱地区土壤。土壤中钼的分布规律：温带和寒温带地区的土壤钼含量最低，常低于 1 毫克/千克；干旱和半干地区土壤为最高，平均含量为 2～5 毫克/千克；热带和温润地区土壤的钼含量也较高。

钼在土壤中大多数以无机或有机形态存在。目前，大多数人将土壤中的钼分为：水溶钼（可溶解于水中）、有机态钼（存在于有机物质中）、难溶态钼（为原生矿物和铁钼氧化物所固定的钼）、代换态钼（以 MoO_4^{2-} 和 $HMoO_4^-$ 形式被土壤胶体所吸附）4 种类型。上述 4 种类型在一定条件下可相互转化，且彼此间的转化较为迅速。土壤溶液中所存在的钼的形式，往往随着 pH 变化而变化，当 pH＞4 时，主要形式以 MoO_4^{2-} 为主；当 pH 为 2.5～4.0 时，主要形式为 $HMoO_4^-$、$Mo(OH)_6$ 和 $HMo_2O_7^-$；当 pH＜2.5 时，主要以非离子化的 H_2MoO_4 形式出现。

常用的钼肥品种如下：

①钼酸铵。含钼 54%，黄白色结晶体，溶于水，是目前应用

最广泛的一种钼肥，可用作基肥、种肥和叶面喷施。

② 钼酸钠。含钼 36%～39%，青白色结晶体，溶于水，可用作基肥、种肥和叶面喷施。

③三氧化钼。含钼 66%，白色晶体，难溶于水，一般用作基肥。

④含钼废渣。难溶于水，一般用作基肥或种肥。

钼酸铵和钼酸钠都是常用的钼肥，易溶于水，三氧化钼的溶解度则较小。钼肥可单独施用，也可加到氮、磷、钾肥料中一同施用。例如将钼酸盐或三氧化钼加到过磷酸钙中制成含钼过磷酸钙，也可以与硫酸铵、氯化钾或液态肥料混合。钼肥与酸性肥料混合后溶解度降低。含钼的工业废渣可以当作钼肥施用，例如生产钼酸盐的下脚料中含有一定量的钼，经过试验效果良好，是一种廉价的肥源。

施用钼肥效果最好的是在豆科植物和十字花科植物上。从我国东北到海南，由沿海各地到四川、新疆的大量试验都证明了钼肥对豆科植物的显著增产作用。例如大豆、花生、蚕豆、绿豆等都因施钼肥而增产。

96. 钼如何影响作物生长？

钼是微量元素，是作物所需要的肥料之一，缺钼会影响植物正常生长。钼在植物中的作用与氮、磷、碳水化合物的转化或代谢过程都有密切关系，钼为硝态氮还原成铵态氮、无机磷转化成有机磷所必需的，钼还是固氮酶的组成成分，是固氮作用不可缺少的。

（1）钼能促进生物固氮　根瘤菌、固氮菌固定空气中的游离氮素，需要钼黄素蛋白酶参加，而钼是钼黄素蛋白酶的成分之一；钼能促进根瘤的产生和发展，而且还影响根瘤菌固氮的活性。

（2）钼能促进氮素代谢　钼是作物体内硝酸还原酶的成分，参与硝态氮的还原过程。

（3）钼能增强光合作用　钼有利于提高叶绿素的含量与稳定

性，有利于光合作用的正常进行。

（4）钼有利于糖类的形成与转化　钼能改善糖类，尤其是蔗糖从叶部向茎秆和生殖器官流动的能力，这对于促进作物植株的生长发育作用很大。施钼肥提高棉花种子的发芽率，降低棉花蕾铃脱落率，促进棉花早结桃、早开花，从而提高籽棉产量和品质。

（5）钼能增强作物抗旱、抗寒、抗病能力　钼能增加马铃薯上部叶片含水量以及玉米叶片的束缚水含量；钼能调节春小麦在一天中的蒸腾强度，使其早晨的蒸腾强度提高，白天其余时间的蒸腾强度降低。

97. 作物缺钼有哪些症状？

钼是土壤中较易缺乏的元素，世界各地区低钼土壤较多，关于低钼对植物生长发育影响的研究较多。一般植物需钼量较低，但变幅很大。正常植物的含钼量为0.2～20毫克/千克。植物生长在缺钼的土壤中容易发生缺钼症状。植物缺钼的一般症状是叶面失绿，失绿部位在叶脉间的组织，形成黄绿或橘红色叶斑，继而叶缘卷曲、凋萎以至于坏死，叶柄和叶脉干枯。缺钼首先危害老叶，继而危害新叶。有时生长点死亡，花的发育受限制，籽粒不饱满，叶肉和叶柄有硝态氮积累，蛋白质、总糖量、维生素C、叶绿素含量均下降。

十字花科和豆科植物对钼非常敏感，有特殊的缺钼症状，其中以花椰菜和油菜对钼反应最敏感，可作为缺钼的指示性作物。小麦缺钼时，植株矮小，生长缓慢。上部叶片黄化，叶尖干枯，心叶基本正常，但心叶下的二、三叶的叶片下垂，略呈“螺旋状”。花生缺钼时，根系不发达，根瘤发育不良，结瘤少而小，植株矮小，叶脉呈网状失绿，有大小不一或橙黄色斑点，严重缺钼时叶缘萎蔫，有的叶片扭曲呈杯状，老叶变厚、焦枯。缺钼时棉花植株老叶脉间失绿，植株矮小，叶缘卷曲、叶子变形，以至干枯而脱落，叶缘枯焦，有时导致缺氮症状，蕾、花脱落，植株早衰。甜菜缺钼时叶片变窄，由灰绿色发展成均匀的黄绿色，类似缺氮；严重缺钼时，叶缘向上卷曲，全叶由主脉向上弯曲，有时呈焦灼状，叶片或叶柄凋萎并发展到坏死，直至全叶枯萎而死亡。番茄缺钼初期，下部老龄叶片上呈现明显的黄化和杂色斑点，叶脉仍保持绿色，随后失绿部分扩大，小叶叶缘明显上卷，尖端及沿叶缘处产生皱缩和死亡。

98. 豆科作物中施钼有什么意义?

豆科作物对钼肥有特殊需要。钼肥可使豆科植物的株高、分枝数、单株荚数、单荚粒数和种子千粒重增加，根瘤增大增多，秸秆产量、种子产量和含氮、磷量都有所提高。使用钼肥可使大豆、花生、紫云英、绿豆、蚕豆的产量增加12%～37%，其增产效果是显著的。

钼不仅是豆科作物体内硝酸还原酶的重要组成成分，同时，钼也是豆科根瘤菌中固氮酶的重要组成成分。因而，根瘤菌在催化固氮中不能没有钼。根瘤菌本身的含钼量约为其寄主豆科植物叶片中含量的六倍以上，缺钼时，不但不能使固氮酶充分发挥固氮效能，同时还会抑制根瘤的形成和生长。花生是典型的地上开花、地下结果的作物，本身属于喜钼作物，虽然需钼量甚微，但是对缺钼比较敏感，花生施钼后，根瘤数量增多，根瘤形成早，可促进幼苗生长健壮、植株开花、受精、荚果充实饱满、成果多、出仁率高，提升增产潜力。缺钼将使花生无法获得优质高产。

99. 硼肥有哪些类型?

常见的硼肥类型如下：

（1）硼砂　主要成分是四硼酸钠，标准一等品的四硼酸钠含量>95%，含硼量为11%；难溶于冷水，易被土壤固定；植物当季吸收利用率较低。

（2）硼酸　分子式为 H_3BO_3，含硼量约17%。硼酸是无机化合物，也是传统的硼肥品种之一。优点是来源广，价格较低；缺点是水溶液呈弱酸性。

（3）五水四硼酸钠　分子式为 $Na_2B_4O_7 \cdot 5H_2O$，含硼量

15%，产品特征：白色结晶粉末，易溶于热水，水溶液呈碱性。

（4）十水四硼酸钠　又名硼砂，分子式为 $Na_2B_4O_7 \cdot 10H_2O$，含硼量 11%，产品特征：白色晶体或粉末，在干燥条件下，易失去结晶水变成白色粉末。

（5）四水八硼酸钠　分子式为 $Na_2B_8O_{13} \cdot 4H_2O$，含硼量 21%，产品特征：白色粉末，易溶于冷水，为高效速溶性硼酸盐。

硼肥的施用方法主要有叶面喷施、底肥施用等。在施用硼肥时应注意施肥量和施用时间。在作物不同的生长期加施硼肥的效果不同。硼肥对种子的萌发和幼根的生长有抑制作用，故应避免与种子直接接触。

100. 硼如何影响作物生长?

硼是植物最缺乏的微量元素之一。疏松的土壤普遍缺硼，在疏松土壤中水溶性硼很容易滤过土壤剖面而无法被植物利用。充足的硼对于农作物的高产和高品质都非常关键。

（1）对糖分生成、运输与代谢的作用　通常植物叶绿体中硼的相对浓度较高。缺硼时，叶绿体退化影响光合作用效率。从而对光合作用运转的速率和周期产生较大影响，特别是植物新生组织的光合产物在缺硼时会明显减少，糖含量也显著降低。

（2）对生长素的合成及其利用的影响　硼能控制植物体内吲哚乙酸的水平，维持其促进生长的生理浓度。硼缺乏时，植物产生过量的生长素，从而抑制根系的生长。硼之所以有助于花芽的分化，是由于其抑制了吲哚乙酸活性。

（3）对细胞伸长和分裂及其生殖器官发育的作用　硼影响植物生长过程中核酸的含量，有利于组织内腺嘌呤转化成核酸，以及酪氨酸转化成蛋白质，同时还可以降低幼龄叶片和子叶中的叶绿体、线粒体以及它们的表面部分核苷酸的消耗，增加磷进入核糖核酸和脱氧核糖核酸的数量和 ATP 含量。

（4）提高豆科作物根瘤菌的固氮能力　充足的硼能改善碳水化合物的运输，因此能为根瘤菌提供更多的能源物质。

101. 作物缺硼及过量有哪些症状?

缺硼症状：由于硼具有多方面的营养功能，因此缺硼症状也多种多样，而且不同作物和品种对缺硼的敏感程度不同，表现症状也各异。通常作物缺硼会表现为茎尖生长点生长受抑，严重时枯萎，直至死亡；老叶叶片变厚变脆，畸形，枝条节间短，出现木栓化现象；根的生长发育明显受影响，根短粗兼有褐色；生殖器官发育受阻，结实率低、果实小、畸形。对硼比较敏感的作物常会出现许多典型症状，如甜菜腐心病，苹果缩果病，葡萄不结实病，白菜、芹菜黄褐病，烟草顶部干缩等。

硼中毒：硼在植物体内运输主要受蒸腾作用调控，因而硼中毒现象常发生在叶片上。不同植物在高硼介质中所表现的叶片中毒症状亦不同，通常有三种情况：第一类毒害症状首先出现在顶端叶片，随暴露时间延长，毒害最严重部位转变为基部叶片；第二类毒害症状首先出现在基部叶片，逐渐波及上部叶片，随处理时间延长毒害最严重部位仍为基部叶片；第三类毒害症状首先出现在顶端叶片，随处理时间延长毒害最严重部位为中部叶片。土壤硼浓度过高也会影响植物根系的发育；过高浓度的硼会影响植物株高和生物量，进而制约农作物的产量；高硼胁迫可能影响植物体内某些酶的活性，进而影响植物的生长代谢。

102. 氯对作物生长有哪些影响?

氯是植物必需的微量元素之一，其在植物体内有多种生理功能，不仅影响植物的生长发育，而且参与并促进植物的光合作用，维持细胞渗透压，保持细胞内电荷的平衡。

（1）氯对光合作用的影响　植物光合作用中水的光解反应需要氯离子参加，氯可促进光合磷酸化作用和 ATP 的合成，直接参与光系统Ⅱ氧化位上的水裂解。光解反应所产生的氢离子和电子是绿色植物进行光合作用时所必需的，因而氯能促进和保证光合作用的正常进行。

（2）氯与酶和激素的关系　氯对酶的活性有显著的影响作用。植物体内的某些酶类必须要有 Cl^- 的存在和参与才可能具有酶活性。如 α-淀粉酶只有在 Cl^- 的参与下，才能使淀粉转化为蔗糖，从而促进种子萌发。

（3）氯在植物体内具有渗透调节和气孔调节功能　氯是植物内化学性质最稳定的阴离子，能与阳离子保持电荷平衡，维持细胞渗透压和膨压，增强细胞的吸水能力，并提高植物细胞和组织对水分的束缚能力，从而有利于植物从环境中吸收更多的水分。

（4）氯对植物体内其他养分离子吸收利用的影响　氯对植株吸收利用氮、磷、钾、钙、镁、硅、硫、锌、锰、铁和铜等养分元素有一定的影响。

103. 施氯对土壤和作物有哪些影响?

由于土壤、水和空气中氯的广泛存在，一般大田作物极少出现缺氯症状。

（1）施氯对土壤性质的影响　投入土壤中的氯越多，土壤的氯积累量也越高，且不同层次间氯的积累有差异；连续 7 年施用氯化铵实验未对土壤结构产生不利影响，却使 0.100 5 毫米的微团聚体含量有明显增加；氯化铵用量越高，土壤 pH 下降越快；氯对土壤中的 Cd^{2+} 也有一定影响，氯易与二价重金属离子如 Cd^{2+} 形成可溶性络合物，使得土壤中带负电荷的吸附表面对重金属离子的吸附强度下降，甚至还可产生负吸附。在土壤溶液中，高浓度的氯离子还可能导致吸附的 Cd^{2+} 解吸，从而使溶液中 Cd^{2+} 浓度上升。

（2）作物的耐氯临界值　不同作物的耐氯临界浓度有很大差异。一般耐盐性强的作物，耐氯临界值较高，反之则低。小麦耐氯临界浓度较高，为 600 毫克/千克；花生、甘蓝、马铃薯次之，为 400 毫克/千克；大豆、草莓较低，为 200 毫克/千克。

（3）氯对植物的毒害作用　氯在大多数植物体内积累过多会产生毒害作用。氯主要是通过对细胞超微结构破坏而危害植株生长发育。高氯处理植株的叶片内线粒体基质和脊结构易被破坏，线粒体内膜变模糊，并呈液化泡状形式，基质变浓，内膜和细胞壁肿胀，细胞壁变粗，细胞壁和质膜间出现稠密物，细胞的膜系统遭到破坏。高氯积累还使细胞质呈网状变化，细胞质局部浓缩，颗粒性毒素出现，大部分细胞结构崩溃，并严重破坏；细胞壁基质质地不均匀，有质壁分离现象出现。

（4）施氯对其他养分吸收的影响　氯对 NO_3^- 的吸收有明显的抑制作用。氯对 $H_2PO_4^-$ 和 K^+ 的吸收在低量情况下无抑制作用，在浓度为 600 毫克/千克以上时，对 $H_2PO_4^-$ 和 K^+ 的吸收有一定的抑制作用。

104. 镍对作物生长有哪些影响？

自 1855 年人们首次发现植物中存在镍以来，人们对植物中镍的作用进行了许多研究，发现了镍的双重角色：一方面是植物必需的微量元素，另一方面又是环境的危害因素。镍作为高等植物必需的微量元素，其含量存在一定的浓度范围，若超过临界值，可能导致植物生理紊乱，如抑制某些酶的活性、扰乱能量代谢和抑制 Fe^{2+} 吸收等，从而阻滞植物的生长发育。

（1）适量但很微量的镍对植物是有益的

① 镍是脲酶的组成成分，与氮代谢有关。

② 促进植物的生长发育、增产。补充适量的镍能改善小麦、棉花、辣椒、番茄、马铃薯等植物的生长状况。

③ 促进种子萌发。大麦籽粒中的镍含量与其萌发密切相关。

④ 延缓植物衰老。镍能有效地延缓水稻叶片衰老，使叶片保持较高水平的叶绿素、蛋白质、磷脂含量和较高的膜脂不饱和指数。

（2）镍稍过量就会对植物产生毒害

① 不利于种子的萌发。经 0.125～1.100 摩尔/升的硝酸镍浸种后，发现发芽率、发芽指数、活力指数降低，平均发芽日数延长，幼根、芽生长阻滞，生物量减小。

② 抑制植物生长发育，引起植物代谢紊乱、中毒甚至致死。

镍在低浓度下，对根生长具有刺激作用；随着处理浓度的增加和处理时间的延长，硫酸镍和硫酸铜对根的生长和细胞核仁都有抑制和毒害作用。

③ 引起其他元素缺乏。镍影响植物对 Fe^{2+} 的吸收而导致叶片失绿黄化；镍在植物体内与铁、锌、铜、钙和镁等必需元素之间有相互制约作用；镍可抑制植物对铜和锌的吸收。

现实中，植物并不易出现缺镍，实践中不能盲目提倡依靠增施镍肥来促进作物生长发育，提高产量。

第四章　植物生物刺激素与植物生长调节剂

105. 什么是植物生物刺激素？

“植物生物刺激素”一词，最初由西班牙格莱西姆矿业公司于1976年提出，但当时并未对生物刺激素进行明确定义，更多的是一种商业概念。直到2007年，Kauffman等将生物刺激素科学定义：一种不同于其他肥料的物质，低浓度应用可以促进植物的生长。

根据《中国中学教学百科全书·化学卷》的定义：植物生长刺激素又称植物生长调节剂，简称植物激素，指能调节或刺激植物生长的化学药剂，包括人工合成的化合物和由生物体内提取的天然植物激素。植物生长调节剂具有多种功能，主要有：促进生根、发芽、发育、开花、果实早熟；控制株型发展、侧枝分蘖、果实过早脱落；增强吸收肥料能力和抗病虫害、抗旱、抗冻、抗盐碱的能力；此外，还可改进果实香型、色泽、糖分、酸度等。对目标植物选择适当的植物生长调节剂和控制一定用量，就能促进或抑制植物生命过程的某些环节，使之向符合人类需要的方向发展。早在20世纪初，人们就发现了植物体内存在微量天然植物激素，如乙烯、赤霉素等具有控制植物生长发育的作用。到40年代，人工合成了1-萘乙酸等生理效应与植物激素有相似作用的化合物，并陆续加以开发，形成了农药的一个分支。

根据“生物刺激素发展联盟”提出的团体标准T/CAI 002—2018《生物刺激素——甲壳寡聚糖》中的定义：生物刺激素，源于生物的产品，可以促进或有利于植物体内的生理过程，包括有益于营养吸收，提高营养利用率以及作物品质，通过生物作用诱导植物抗病、抗胁迫力，并可提高肥料有效成分利用率且无害于生态环境的一类相关物质。

因此，植物生物刺激素主要指源于生物的，能调节或刺激植物生长的由生物体内提取的天然植物激素。

植物生物刺激素是作物生长过程中锦上添花的东西，只有氮、磷、钾及各种微肥充分满足作物生长的前提下，才能起到增产的作用。有些农民误认为生长激素就是微肥，那是十分错误的。肥料企业做宣传时应该科学地、全面地向农民交代清楚，不要用生长激素代替微肥和化肥。

106. 什么是腐殖酸，如何分类？

矿物源腐殖酸主要来源于泥炭、褐煤和风化煤，所提取的腐殖酸是天然矿物源腐殖酸。

（1）泥炭腐殖酸（原生腐殖酸）　泥炭是动植物残体经过几千年形成的沼泽地产物，是煤化程度最低的煤，同时是煤的最原始状态。泥炭煤化程度浅，富含有机质和腐殖酸，其所含腐殖酸分子相对小，活性相对高，但属于不可再生资源，开采和贮存等因素导致将其作为原料使用的厂家极少。

（2）褐煤腐殖酸（原生腐殖酸）　褐煤是成煤的第二阶段产物。泥炭在漫长的岁月经地壳运动及地球物理化学作用等一系列复杂过程进一步变质生成褐煤及其腐殖酸。该阶段产物作为原料，煤化程度浅，含有大量腐殖酸，且该原料生产的腐殖酸活性高、农业使用效果明显。

泥炭和褐煤阶段生成的腐殖酸为原生腐殖酸。

（3）风化煤腐殖酸（再生腐殖酸）　褐煤进一步变质成烟煤，再次变质形成无烟煤，而褐煤、烟煤、无烟煤经过长时间的自然风化氧化形成风化褐煤、风化烟煤、风化无烟煤，此阶段的原料煤化程度高，腐殖酸含量、农业使用效果、抗絮凝性以及与其他元素的复配稳定性皆较褐煤差，大多数厂家均使用风化煤作为原料。

褐煤原料来源的腐殖酸综合活性高，抗絮凝性强，农业实用效果优。

按在溶剂中的溶解度和颜色分类（目前常用的分类方式）：

（1）黄腐酸　可溶于酸、碱、水、乙醇、丙酮，呈黄色。

（2）棕腐酸　可溶于碱、水、乙醇、丙酮，呈棕色。

（3）黑腐酸　可溶于碱，既不溶于酸又不溶于乙醇和丙酮，呈黑色。

按腐殖酸相对分子质量分类（目前常用的分类方式）：

（1）黄腐酸　相对分子质量为 1 000 道尔顿以下。

（2）棕腐酸　相对分子质量为 1 000～5000 道尔顿。

（3）黑腐酸　相对分子质量为 5 000 道尔顿以上。

107. 目前市场上主要的腐殖酸产品有哪些?

目前，市场上腐殖酸主要分为“天然腐殖酸”和“生化腐殖酸”两大类型：天然腐殖酸从来源上主要分为土壤腐殖酸、水体腐殖酸、煤炭腐殖酸三大类，它们广泛存在于土壤、湖泊、河流、海洋和泥炭、褐煤、风化煤之中；生化腐殖酸从来源来看主要分为生物发酵腐殖酸、化学合成腐殖酸和氧化再生腐殖酸，其原料来源主要是农作物秸秆、制糖废渣、糠醛渣、酿酒废液、造纸废液、动物粪便等。

市场上售卖的腐殖酸钾、黄腐酸钾、腐殖酸水溶肥、腐殖酸尿素、腐殖酸复合肥其主要采用的煤炭腐殖酸又称矿源腐殖酸，其特点是腐殖酸成分较单一，相对分子质量较大；生化黄腐酸、生化黄腐酸钾、生化黄腐酸钠主要采用的是生物发酵腐殖酸，其特点是腐殖酸成分较多、相对分子质量小、效果较好。

（1）腐殖酸粉　腐殖酸原料的粗加工物，难溶于水，可作为有机肥的填充料，用于改良土壤，提供有机质。

（2）腐殖酸钾、腐殖酸钠等腐殖酸盐　形态为片状、粉末状、晶体状，是腐殖酸的碱抽提物，水溶性较差，可作为含腐殖酸水溶肥的原料。

（3）硝基腐殖酸、腐殖酸铵　黑色颗粒或粉末，腐殖酸的硝化或氨化产物，可作为土壤改良剂或冲施类产品直接使用。

（4）黄腐酸钾　黑色粉末，腐殖酸钾中的小部分抽提物，是含腐殖酸水溶肥的好原料，水溶性好，抗硬水能力强，是生产农业水溶肥料的优质原料。目前市场上常见的黄腐酸钾是黄腐酸钾和腐殖酸钾的结合物。

（5）生化黄腐酸（BFA） 生化黄腐酸是利用生物技术以农林下脚料为原料，利用低温、中温及高温下不同菌群，多级发酵而生成的产物，有特殊的气味，其测定有效含量为黄腐酸、核酸、氨基酸，还有其他多种活性物质，原料来源不同，成分差异较大，属于非天然腐殖酸物质。

108. 腐殖酸对土壤和作物有哪些影响？

腐殖酸是动植物残体，主要是植物的残体，经过微生物的分解和转化，以及地球化学的一系列过程造成和积累起来的一类有机物质。腐殖酸大分子的基本结构是芳环和脂环，环上连有羧基、羟基、羰基、醌基、甲氧基等官能团。

腐殖酸对土壤和作物的影响作用如下：

（1）腐殖酸对土壤的作用 腐殖酸可以增加土壤团聚结构，改善孔隙状况；提高土壤阳离子吸收性能和土壤缓冲性，增加土壤保肥能力，减少土壤氨挥发损失，减少土壤对磷的固定，促进根对磷的吸收，提高磷的利用效率，可以吸收和贮存土壤钾离子，防止钾流失和固定，提高土壤速效钾含量，同时腐殖酸还可以与难溶性微量元素发生螯合作用，生成溶解度好、易吸收的螯合态微量元素；可以增加土壤有益微生物的活动，主要是腐殖酸可提供微生物生命活动的碳源、氮源等条件。

（2）腐殖酸对作物的作用 促进根系发育，促进作物地上部生长，使作物根深叶茂，同时增加作物对养分的吸收和增加作物抗旱作用；腐殖酸在西北地区作为抗旱剂已得到国内外专家认可，其主要原因是喷施腐殖酸后，腐殖酸具有关闭叶片气孔、减少水分蒸腾的作用。

① 刺激作物生长。促进根部生长，提高发芽率。腐殖酸可以加强根部呼吸、刺激根细胞的分裂、促进根的生长、增强呼吸强度

和光合作用强度，在植物生长早期进入细胞内部起到呼吸催化剂的作用。腐殖酸的生理活性和酶活性具有双向调节作用：在一定浓度下对叶蛋白分解酶有抑制性，使叶绿素分解减缓，有利于光合作用的进行；但浓度过高又会抑制细胞的增长和分裂。腐殖酸可抑制生长素酶的活性，使植物体内生长素破坏减少，有利于生长发育，但浓度过高也会促进生长素酶的活性，导致生长缓慢。因此，活性越高的腐殖酸，使用浓度要越低。

② 增加作物的抗逆功能。提高抗旱能力，腐殖酸缩小叶面气孔开张度、减少水分蒸腾；提高抗寒能力，腐殖酸在植物体内，与脯氨酸及各种保护酶对水和养分的渗透作用有关，可起到保护作用，提高耐寒性；提高抗病虫害能力，腐殖酸中的水杨酸结构和酚结构本身就是一种抗菌性药剂，提高抗盐碱能力。

③ 改善农产品品质。提高营养物质含量和减少有害物质。

109. 含腐殖酸肥料的国家标准及行业标准有哪些?

现行有效且用于产品的国家标准有以下几个：

(1) GB/T33804—2017《农业用腐殖酸钾》 该标准适用于矿物源腐殖酸原料在一定条件下与氢氧化钾反应制成的腐殖酸钾。其技术指标如下：

项　目		要　求		
		优等品	一等品	合格品
可溶性腐殖酸含量（%）	≥	60	50	40
氧化钾（K_2O）含量（%）	≥	12	10	8
水不溶物含量（%）	≤	5	10	20
钠（Na^+）含量（%）	≤	2.0		
pH（1∶100 倍稀释）		7～12		
水分含量（H_2O,%）	≤	15		

（2）农业行业标准 NY/T1106—2010《含腐殖酸水溶肥料》 该标准适用于以适合植物生长所需比例的矿物源腐殖酸添加适量氮、磷、钾大量元素，或铜、铁、锰、锌、硼、钼微量元素而制成的液体或固体水溶肥料。其技术标准如下：

含腐殖酸水溶肥肥料（大量元素型）固体产品技术指标

项　　目	指　　标
腐殖酸含量（%）	≥3.0
大量元素含量（%）	≥20.0
水不溶物含量（%）	≤5.0
pH（1∶250 倍稀释）	4.0～10.0
水分（H_2O,%）	≤5.0

注：大量元素含量指总 N、P_2O_5、K_2O 含量之和，产品应至少包含两种大量元素，单一大量元素含量不低于 2.0%。

含腐殖酸水溶肥肥料（大量元素型）液体产品技术指标

项　　目	指　　标
腐殖酸含量（克/升）	≥30.0
大量元素含量（克/升）	≥200.0
水不溶物含量（克/升）	≤50.0
pH（1∶250 倍稀释）	4.0～10.0

注：大量元素含量指总 N、P_2O_5、K_2O 含量之和，产品应至少包含两种大量元素，单一大量元素含量不低于 20.0 克/升。

含腐殖酸水溶肥肥料（微量元素型）产品技术指标

项　　目	指　　标
腐殖酸含量（%）	≥3.0
微量元素含量（%）	≥6.0
水不溶物含量（%）	≤5.0

（续）

项　　目	指　　标
pH（1∶250倍稀释）	4.0～10.0
水分（H_2O,%）	≤5.0

注：微量元素含量指铜、铁、锰、锌、硼、钼含量之和，产品应至少包含一种微量元素，含量不低于0.05%的单一微量元素均应计入微量元素含量中，钼元素含量不高于0.5%。

（3）化工行业标准 HG/T5045—2016《含腐殖酸尿素》　该标准适用于将以腐殖酸为主要原料生产的腐殖酸增效液添加到尿素生产工艺中，通过尿素造粒工艺制取的含腐殖酸尿素。其主要的技术指标如下：

项　　目			要　　求
总氮（N）的质量分数（%）		≥	45.0
腐殖酸的质量分数（%）		≥	0.12
氨挥发抑制率（%）		≥	5
缩二脲的质量分数（%）		≤	1.5
水分[a]（%）		≤	1.0
亚甲基二脲[b]（以 HCHO 计）质量分数（%）		≤	0.6
粒度[c]（%）	*D*0.85～2.80毫米	≥	90
	*D*1.18～3.35毫米	≥	
	D 2.00～4.75毫米	≥	
	*D*4.00～8.00毫米	≥	

注：[a]水分以生产企业出厂检验数据为准；[b]若尿素生产工艺中不加甲醛，可不做亚甲基二脲含量的测定；[c]只需符合四档中的任一档即可，包装标识中应标明粒径范围。

（4）化工行业标准 HG/T5046—2016《腐殖酸复合肥料》该标准适用于以风化煤、褐煤、泥炭为腐殖酸原料，经活化与无机肥料制得的腐殖酸复合肥料。其主要技术指标如下：

项目			指标		
			高浓度	中浓度	低浓度
总养分（总 $N+P_2O_5+K_2O$）的质量分数[a]（%）		≥	40.0	30.0	25.0
水溶性磷占有效磷百分率[b]（%）		≥	60.0	50.0	40.0
活化腐殖酸含量（以质量分数计，%）		≥	1.0	2.0	3.0
总腐殖酸含量（以质量分数计，%）		≥	2.0	4.0	6.0
水分（H_2O）的质量分数[c]（%）		≤	2.0	2.5	5.0
粒度（粒径 1.00～4.75 毫米或 3.35～5.60 毫米，%）[d]		≥	90.0		
氯离子的质量分数[e]（%）	未标“含氯”的产品		3.0		
	标识“含氯（低氯）”的产品		15.0		
	标识“含氯（中氯）”的产品		30.0		

注：[a]标明单一养分含量不得低于 4.0%，而且单一养分测定值与标明值负偏差的绝对值不得大于 1.5%；[b]以钙镁磷肥等枸溶性磷肥为基础磷肥并在包装容器上注明为“枸溶性磷”时，“水溶性磷占有效磷百分率”项目不做检验和判定，若为氮、钾二元肥料，“水溶性磷占有效磷百分率”项目不做检验和判定；[c]水分以生产企业出厂检验数据为准；[d]当用户对粒度有特殊要求时，可由供需双方协议确定；[e]氯离子的质量分数大于 30% 的产品，应在包装袋上标明“含氯（高氯）”，标识“含氯（高氯）”的产品氯离子质量分数可不做检验和判定。

（5）GB/T 35111—2017《腐殖酸类肥料分类》和 GB/T 35112—2017《农业用腐殖酸和黄腐酸原料制品分类》 该标准适用于界定腐殖酸类肥料的类别与含腐殖酸、含黄腐酸的肥料和土壤调理剂的腐殖酸和黄腐酸原料制品的分类。其主要技术指标为：① 按腐殖酸和黄腐酸的原料来源及种类将腐殖酸类肥料分为矿物源腐殖酸肥料、矿物源黄腐酸肥料、生物质腐殖酸肥料、生物质黄腐酸肥料。② 按产品形态分为固体、液体、膏体的腐殖酸肥料和黄腐酸肥料。③按肥料含养分类型及数量分为腐殖酸肥料和黄腐酸单质肥料；含腐殖酸复混（合）肥料、掺混肥料；腐殖酸有机肥料及腐殖酸肥料；黄腐酸单质肥料、含黄腐酸复混（合）肥料、含黄腐酸中微量元素肥及其他黄腐酸肥料。

（6）HG/T 3278　2018《腐殖酸钠》　该标准适用于以风化煤、褐煤、泥炭为原料，在一定条件下与氢氧化钠反应制得的腐殖酸钠。其主要技术指标如下：

项　　目		粉末结晶状			
		优级品	一级品	二级品	三级品
可溶性腐殖酸含量（以干基计，%）	≥	60	50	40	30
水不溶物含量（以干基计，%）	≤	5	10	20	25
水分（%）	≤	15		20	
pH（1∶100 倍稀释）		8～10		9～11	
1.00 毫米筛的筛余物[a]（%）	≤	5			
粒度（粒径 1.00～4.75 毫米或 3.35～5.60 毫米，%）[b]	≥	70			

注：[a] 粒装产品不做该指标要求；[b] 粉状产品不做该指标要求。

（7）HG/T 5514—2019《含腐殖酸磷酸一铵、磷酸二铵》　该标准适用于将以矿物源腐殖酸为主要原料制备的腐殖酸添加到磷酸一铵、磷酸二铵生产过程中，制成的含腐殖酸磷酸一铵、磷酸二铵产品。其主要技术指标如下：

项　　目		含腐殖酸磷酸一铵	含腐殖酸磷酸二铵
总养分（总 N＋P_2O_5）的质量分数[a]（%）	≥	52.0	53.0
总氮（N）的质量分数[a]（%）	≥	9.0	13.0

（续）

项目		含腐殖酸磷酸一铵	含腐殖酸磷酸二铵
有效磷（P_2O_5）的质量分数[a]（%）	≥	41.0	38.0
水溶性磷占有效磷百分率[a]（%）	≥	75	
腐殖酸的质量分数（%）	≥	0.3	
水溶性磷固定差异率（%）	≥	25	
水分（H_2O）的质量分数[b]（%）	≤	3.0	
粒度[c]（1.00～4.75毫米，%）	≥	80	

注：[a]同时还应符合GB/T 10205中的要求；[b]水分以生产企业出厂检验数据为准；[c]粉状产品无粒度要求。

近年来，一系列腐殖酸标准相继出台。目前，腐殖酸肥料标准比较完备，选择腐殖酸肥料时，一定要读懂标准。

110. 什么是氨基酸？

氨基酸是羧酸碳原子上的氢原子被氨基取代后的化合物，氨基酸分子中含有氨基和羧基两种官能团。氨基酸是一组相对分子质量大小不等，含有氨基和羧基，并具有一个短碳链的有机化合物；与羟基酸类似，氨基酸可按照氨基连在碳链上的不同位置而分为α-，β-，γ-……ω-氨基酸，但经蛋白质水解后得到的氨基酸都是α-氨基酸，而且仅有二十几种，它们是构成蛋白质的基本单位。氨基酸是构成动物营养所需蛋白质的基本物质，是含有碱性氨基和酸性羧基的有机化合物，氨基连在α-碳上的为α-氨基酸。

氨基酸在人体内通过代谢可以发挥下列一些作用：①合成组织蛋白质；②变成酸、激素、抗体、肌酸等含氨物质；③转变为碳水化合物和脂肪；④氧化成二氧化碳和水及尿素，产生能量。

氨基酸是生命有机体的重要组成部分，是生命机体营养、生存和发展极为重要的物质，在生命体内物质代谢调控、信息传递方面扮演着重要的角色。氨基酸分两大类，即蛋白质氨基酸和非蛋白质氨基酸，前者种类只有 20 种，是蛋白质的组成成分，在自然界中绝大多数氨基酸都是蛋白质氨基酸。另一类为不参与蛋白质构成的氨基酸，属于非蛋白质氨基酸，这一类氨基酸种类繁多，结构不一，但其量甚少，目前发现的氨基酸已经有 1 000 多种。

组成蛋白质的氨基酸，按其化学结构分为脂肪族氨基酸、芳香族氨基酸、含硫氨基酸等，有些氨基酸可以在体内合成，称为非必需氨基酸，包括丙氨酸、精氨酸、天门冬氨酸、天门冬酰胺、半胱氨酸、胱氨酸、谷氨酸、谷氨酰胺、甘氨酸、脯氨酸、丝氨酸和酪氨酸等。有些氨基酸不能在人体内合成，或合成速度不能满足机体正常的生理需要，而必须从食物中获得，称为必需氨基酸。氨基酸的主要功能是构成蛋白质，此外，某些氨基酸在生物代谢过程中尚具有其他的特殊功能。

111. 氨基酸对作物生长的作用有哪些？

氨基酸不仅可作为植物有机氮源，发挥着一定的肥效作用，同时还兼具参与蛋白质合成，调节、促进植物生长等多重作用。

（1）丙氨酸　增加合成叶绿素，调节开放气孔，对病菌有抵御作用。

（2）精氨酸　增强根系发育，是植物内源激素多胺合成的前体，提高作物的抗盐胁迫能力。

（3）天冬氨酸　提高种子发芽，促进蛋白质的合成，并为萌芽时期的生长提供氮。

（4）半胱氨酸　具有维持细胞的功能，并可作为抗氧化剂。

（5）谷氨酸　降低作物体内硝酸盐含量，提高种子发芽，促进叶片光合作用，增加叶绿素生物合成。

（6）甘氨酸　对作物的光合作用有独特的效果，利于作物生长，增加作物糖的含量，是天然金属螯合剂。

（7）组氨酸　调节气孔开放，并提供碳骨架激素的前体，是细胞分裂素合成的催化酶。

（8）异亮氨酸和亮氨酸　提高抵抗盐胁迫能力，提高花粉活力和萌发，是芳香味的前体物质。

（9）赖氨酸　增强叶绿素合成，增加耐旱性。

（10）蛋氨酸　是植物内源激素乙烯和多胺合成的前体。

（11）苯丙氨酸　促进木质素的合成，是花青素合成的前体物质。

（12）脯氨酸　增加植物对渗透胁迫的耐性，提高植物的抗逆性和花粉活力。

（13）丝氨酸　参与细胞组织分化，促进发芽。

（14）苏氨酸　提高耐受性和降低病虫危害，提高腐殖化进程。

（15）色氨酸　是内源激素生长素吲哚乙酸合成的前体，能提高芳香族化合物的合成。

（16）酪氨酸　增加耐旱性，提高花粉萌发。

（17）缬氨酸　提高种子发芽率，改善作物风味。

另外，有1～10个氨基酸组成的小肽，还有10～100个氨基酸组成的多肽，目前已有新的研究发现。其中小肽的作用研究比较多，而且小肽作为一个信号物质，在促进作物生长、抗病以及抗病毒抗逆能力方面都有不错的效果。目前，游离氨基酸主要来自一些副产品，由于氯离子含量太高，所以效果并不太好，但是氨基酸是对作物促生抗逆非常好的一种有机营养物质。

112. 氨基酸水溶肥的国家标准及行业标准有哪些?

含氨基酸水溶肥料，是以游离氨基酸为主体，按植物生长所需比例，添加以铜、铁、锰、锌、硼、钼微量元素或钙、镁中量元素制成的液体或固体水溶肥料。产品分微量元素型和中量元素型两种类型。

产品执行标准为NY1429—2010。该标准规定：微量元素型含氨基酸水溶肥料的游离氨基酸含量，固体产品和液体产品分别不低于10%和100克/升；至少两种微量元素的总含量分别不低于2.0%和20克/升。钙元素型含氨基酸水溶肥料也有固体产品和液体产品两种，各项指标与微量元素型相同，唯有钙元素含量，固体产品和液体产品分别不低于3.0%和30克/升。

NY 1429—2010《含氨基酸水溶肥料》中含氨基酸水溶肥的一些技术指标分别如下：

含氨基酸水溶肥料（中量元素型）固体产品技术指标

项　　目	指　　标
游离氨基酸含量（%）	≥10
中量元素含量（%）	≥3.0
水不溶物含量（%）	≤5.0
pH（1∶250倍稀释）	3.0～9.0
水分（H_2O,%）	≤4.0

注：中量元素含量指总钙、镁元素含量之和，产品应至少包含一种中量元素，含量不低于0.1%的单一中量元素均计入中量元素含量中。

含氨基酸水溶肥料（中量元素型）液体产品技术指标

项　　目	指　　标
游离氨基酸含量（克/升）	≥100
中量元素含量（克/升）	≥30
水不溶物含量（克/升）	≤50.0
pH（1∶250倍稀释）	3.0～9.0

注：中量元素含量指总钙、镁元素含量之和，产品应至少包含一种中量元素，含量不低于1.0克/升的单一中量元素均计入中量元素含量中。

含氨基酸水溶肥料（微量元素型）固体产品技术指标

项　　目	指　　标
游离氨基酸含量（%）	≥10
微量元素含量（%）	≥2.0

（续）

项　　目	指　　标
水不溶物含量（%）	≤5.0
pH（1∶250倍稀释）	3.0～9.0
水分（H_2O,%）	≤4.0

注：微量元素含量指铜、铁、锰、锌、硼、钼含量之和，产品应至少包含一种微量元素，含量不低于0.05%的单一微量元素均应计入微量元素含量中，钼元素含量不高于0.5%。

含氨基酸水溶肥料（微量元素型）液体产品技术指标

项　　目	指　　标
游离氨基酸含量（克/升）	≥100
微量元素含量（克/升）	≥20
水不溶物含量（克/升）	≤50.0
pH（1∶250倍稀释）	3.0～9.0

注：微量元素含量指铜、铁、锰、锌、硼、钼含量之和，产品应至少包含一种微量元素，含量不低于0.5克/升的单一微量元素均应计入微量元素含量中，钼元素含量不高于5克/升。

113. 什么是海藻酸？

根据《简明精细化工大辞典》定义：海藻酸又名褐藻酸。白色至淡黄棕色粉末，熔点>300℃，微溶于热水，不溶于冷水及有机溶剂，缓慢地溶于碱性溶液，无气味。用于制造盖胃平等药物，也用作片剂的赋形剂、黏合剂和稳定剂；在食品和化妆品中常用作增稠剂和乳化剂。广泛存在于海带、墨角藻、马尾藻等褐藻类的细胞壁中，用碳酸钠水溶液提取，然后用盐酸或氯化钙精制而得。

海藻肥是以天然海藻为原料，通过物理和生化工艺提取、精制或再混配以氮、磷、钾和微量元素制成的生物肥。含有海藻特有的海藻酸钠、海藻多糖、酚类聚合物、不饱和脂肪酸、植物自然生长调节物质等。海藻酸钠又称褐藻酸钠或海藻胶，是从海带、马尾藻、巨藻等褐藻细胞壁中提取的多糖化合物，主要是由α-L-甘露糖醛酸、β-D-古罗糖醛酸两种单体聚合而成的线性高分子多糖，分子式为（$C_6H_7Na)_n$，结构单元相对分子质量理论值为198.11。海藻肥中的有机活性因子集营养成分、抗生物质、植物激素于一体，对刺激植物生长起着重要的作用。海藻肥与化学添加剂相比，具有增产、抗逆、天然性和无毒副作用等方面的优势，是一种天然、高效的新型农用肥料。

114. 海藻酸对作物生长的作用有哪些?

在传统农业中，有机物来源的海藻提取物一直被当作有机肥料使用，而海藻提取物具有生物刺激素的功效是近年来才被报道的。海藻提取物通过调节农作物的新陈代谢和生理功能，促进作物根系生长，增加生物量进而提高农作物的产量，此外，还能缓解病虫害，预防冻害和干旱等非生物逆境，对农作物品质也有一定的改善作用。

（1）促使种子萌发　海藻提取物对促进种子萌发有显著作用。经海藻提取物处理的种子，呼吸速率加快，发芽率明显提高。而最普通的植物生长素是吲哚乙酸（IAA），它广泛地存在于海藻中。合适的浓度条件下它还能促进作物根系的生成、花菜果实的发育以及新器官的生长，促进组织分化和细胞生长。

（2）增强作物抗逆性　海藻功能物质能够通过诱导植株产生抗性物质来缓解或抵抗逆境造成的危害，起到调控作物生长的作用。

（3）提高作物光合作用　海藻提取液已证实包含甜菜碱，如甘氨酸甜菜碱、6-氨基戊酸甜菜碱、氨基丁酸甜菜碱。有研究表明，用同样浓度的泡叶藻提取液和甜菜碱混合液处理作物，60天左右测定其叶片中叶绿素含量，均高于对照。

（4）改良土壤环境　海藻肥中富含多糖醛酸苷类物质，如海藻酸。该类活性物质的螯合以及亲水特性，能改良土壤的物理、化学和生物学特性，从而提高土壤的保水能力，促进根际有益微生物的生长。

115. 海藻酸水溶肥的国家标准及行业标准有哪些？

在农业上应用的海藻有绿藻、红藻及褐藻，但市场常见的海藻肥原料主要为褐藻中的泡叶藻、昆布、海带和马尾藻等。而农资市场上的海藻肥分类也未统一，常见的几种分类为：①按营养成分配比，添加植物所需要的营养元素制成液体或粉状，根据其功能，又可分为广谱型、高氮型、高钾型、防冻型、抗病型、生长调节型、中微量元素型等；②按物态分为液体型海藻肥和固体型海藻肥；③按附加的有效成分可分为含腐殖酸的海藻肥、含氨基酸的海藻肥、含甲壳素的海藻肥、含稀土元素的海藻肥等；④海藻菌肥，直接利用海藻或海藻中活性物质提取后的残渣，经微生物发酵而成的产品；⑤按施用方式划分为叶面肥、冲施肥、滴灌海藻肥等。目前海藻酸相关标准包括以下几个：

（1）HG/T 5049—2016《含海藻酸尿素》　该标准适用于将以海藻为主要原料制备的海藻酸增效液，添加到尿素生产过程中，通过尿素造粒工艺技术制成的含海藻酸尿素。其技术要求如下：

含海藻酸尿素的要求

项　目		要　求
总氮（N）的质量分数（%）	≥	45.0
海藻酸的质量分数（%）	≥	0.03
氨挥发抑制率（%）	≥	5
缩二脲的质量分数（%）	≤	1.5
水分[a]（%）	≤	1.0
亚甲基二脲[b]（以 HCHO 计）质量分数（%）	≤	0.6

（续）

项　　目		要　　求
粒度[c]（%）	D0.85～～2.80 毫米 ≥	90
	D1.18～3.35 毫米 ≥	
	D 2.00～4.75 毫米 ≥	
	D4.00～8.00 毫米 ≥	

注：[a]水分以生产企业出厂检验数据为准；[b]若尿素生产工艺中不加甲醛，可不做亚甲基二脲含量的测定；[c]只需符合四档中的任一档即可，包装标识中应标明粒径范围。

（2）HG/T 5050—2016《海藻酸类肥料》　该标准适用于将以海藻为主要原料制备的海藻酸增效剂，添加到肥料生产过程中制成的含有一定量海藻酸的海藻酸包膜尿素、含部分海藻酸包膜尿素的掺混肥料、海藻酸复合肥料、含海藻酸水溶肥料。其技术要求如下：

海藻酸包膜尿素的要求

项　　目	指　　标
总氮（N）的质量分数（%）	≥45.0
海藻酸的质量分数（%）	≥0.05
氨挥发抑制率（%）	≥10
粒度（2.00～4.75 毫米）	≥90

含部分海藻酸包膜尿素的掺混肥料的要求

项　　目	指　　标
海藻酸包膜尿素氮占总尿素氮的质量分数（%）	≥40.0
海藻酸的质量分数（%）	≥0.02

海藻酸复合肥料的要求

项　　目	指　　标
海藻酸的质量分数（%）	≥0.05
氨挥发抑制率*（%）	≥5

注：*不含尿素的复合肥料产品不检测该项指标。

含海藻酸水溶肥料的要求

项　　目		指　　标
海藻酸的质量分数（%）	≥	1.5

（3）HG/T 5515—2019《含海藻酸磷酸一铵、磷酸二铵》该标准适用于将以海藻为主要原料经提取后制备的海藻液或海藻粉添加到磷酸一铵、磷酸二铵生产过程中，制成的含海藻酸磷酸一铵、磷酸二铵。该标准将于2020年1月1日起施行，其技术要求如下：

含海藻酸磷酸一铵、磷酸二铵的要求

项　　目		含海藻酸磷酸一铵	含海藻酸磷酸二铵
总养分（总 N＋P_2O_5）的质量分数[a]（%）	≥	52.0	53.0
总氮（N）的质量分数[a]（%）	≥	9.0	13.0
有效磷（P_2O_5）的质量分数[a]（%）	≥	41.0	38.0
水溶性磷占有效磷百分率[a]（%）	≥	75	
海藻酸的质量分数（%）	≥	0.03	
水溶性磷固定差异率（%）	≥	25	
水分（H_2O）的质量分数[b]（%）	≤	3.0	
粒度[c]（1.00～4.00毫米，%）	≥	80	

注：[a]同时还应符合GB/T 10205中的要求；[b]水分以生产企业出厂检验数据为准；[c]粉状产品无粒度要求。

我国肥料登记层面将海藻肥定义为“含海藻酸水溶性肥”，并制定了国家标准，但由于产品检测方法欠缺，目前已被取消，统一归入“有机水溶肥”类。

116. 什么是苦参碱制剂，其对作物生长的影响有哪些？

苦参碱是由豆科植物苦参的干燥根、植株、果实经乙醇等有机溶剂提取制成，是一种生物碱。苦参碱在农业上主要应用于病虫害防治，是一种低毒、低残留、环保型农药，具有杀虫、杀菌、调节植物生长等多种功能。

在农业中使用的苦参碱制剂实际上是指从苦参中提取的全部物质，被称为苦参提取物或者苦参总碱。目前国内苦参碱制剂有0.3％苦参碱水剂、0.8％苦参碱内酯水剂、1％苦参碱溶液、1.1％苦参碱溶液、1.1％苦参碱粉剂等，这些植物源药剂已应用在防治蔬菜、果树、茶叶等作物的一些害虫上，并取得良好防效。

（1）杀虫活性　苦参碱是苦参提取物中的一种生物碱，氧化苦参碱对菜青虫、黄掌蛾和榆蓝叶甲有强触杀作用，对桃蚜、萝卜蚜、梨二叉蚜、小麦蚜虫的防治效果均达90％以上；苦参碱对小菜蛾低龄幼虫、茶黑毒蛾防效明显。苦参碱对害虫具有触杀、胃毒、内吸、忌避、拒食、绝育、干扰脱皮、麻痹神经中枢系统、虫体蛋白凝固、虫体气孔堵死、害虫窒息死亡等生物活性。

（2）杀菌活性　苦参碱提取物对小麦赤霉病、苹果炭疽病、番茄灰霉病菌丝生长和病菌孢子萌发有明显的抑制作用。经测定，野靛碱、槐胺碱、苦参碱、槐果碱和槐定碱均有抑菌活性，其中槐果碱和槐定碱抑菌活性较强。苦参的杀菌活性成分既能抑制菌体的生物合成，又能影响菌丝体的生物氧化过程，而且杀菌谱较广，对真菌、细菌、病毒均有抑制作用。

（3）刺激植物生长功能　苦参碱提取物对植物有明显的刺激生长功能。如：分离体黄瓜叶片子叶鲜重和干重随苦参碱浓度的增加而明显增加，均与对照差异显著，其中黄瓜叶片子叶鲜重这一生理效应与激动素相似，但激动素处理的叶片干重显著下降；随着苦参碱浓度增加，总叶绿素含量下降，但光合放氧量显著增加；苦参提取物中的氨基酸类、脂肪酸类等物质能快速被植物所吸收，补充植物营养元素，增强植物抗逆性且苦参提取物中皂苷类化合物对植物具有一定的调节作用。

117. 什么是甲壳素，其对作物生长的影响有哪些？

甲壳素又称甲壳质、蟹壳素、几丁质、明角质或壳多糖，是由N-乙酰-2-氨基-2脱氧-D-葡萄糖以β-1,4糖苷键形式连接起来的多糖；存在于甲壳动物外壳，节肢动物、软体动物、环节动物、原生动物、腔肠动物、海藻、真菌以及动物骨肉与骨结合处，动物的关节、蹄、足的坚硬部分。甲壳素是地球上存在的除纤维素以外数量最大的天然有机化合物和除蛋白质以外数量最大的含氨天然有机化合物。从虾、蟹甲壳中可制取甲壳素，甲壳素与浓碱反应可制得壳聚糖。壳聚糖与乙醇反应的衍生物可被生物降解和吸收，用于制作人工皮肤和药物释放载体。

甲壳素类肥料作为一种新兴的功能性肥料，因其在改善果蔬品质方面的突出效果，在农业生产中得到了越来越多的重视。

（1）保水持水性能　甲壳素的吸水性能极高，可达到其本身质量的13倍，即1克的甲壳素吸饱水后可以达到13克。

（2）杀菌抗菌性能　甲壳素及其衍生物是带有正电荷的天然聚合物，而自然界中的细菌多呈现电负性，壳聚糖上的取代基氨基吸附在细菌表面，与其结合发生絮凝反应，使细菌失活死亡。甲壳素及其衍生物可以诱导植物产生广谱抗菌性，阻止细菌侵入植物体内或直接杀死细菌，其主要的作用机理是通过诱导植物相关防御基因的开启，使植物表现为细胞壁的加厚和木质化，产生侵填体等，阻止细菌的侵入。甲壳素还可以诱导植物产生抗性蛋白和植物酚，杀死入侵细菌。

（3）营养协调功能　甲壳素及其衍生物中含有大量的C、N元素，且具有生物可降解性，经微生物作用后可为植物提供所需的营养物质；另一方面，尽管甲壳素对细菌具有抗菌抑菌作用，但对于真菌、放线菌却具有增殖效果，甲壳素可促进土壤中有益微生物根瘤菌、放线菌及其他有益微生物的增殖。

（4）植物生理调节功能　甲壳素及其衍生物通过调节植物基因的开启和关闭来调节体内相关激素及酶等物质的合成，进而调节植物生理功能。

118. 什么是γ-氨基丁酸，其对作物生长的影响有哪些？

γ-氨基丁酸，简称GABA，是一种广泛分布于生物世界的四碳非蛋白质氨基酸，又名氨酪酸，是植物细胞自由氨基酸库中重要的组成部分，参与生物体的多种代谢活动。γ-氨基丁酸是一种非蛋白质氨基酸，是植物三羧酸循环的另外一条支路的重要信号传递物质。

GABA于1949年发现于植物体内，对促进植物对营养元素的吸收，调节植物体内的pH，作为氮的贮存和代谢等方面都有非常广泛的作用。近年来，GABA逐渐被应用到调控植物生长上，特别是在逆境条件下的生长。在植物中，GABA担任着代谢物质和信号物质的双重角色，并参与了植物的pH调节、能源物质调节C/N平衡以及防御系统调节。GABA能提高植物在逆境下的抗性，并具有促进植物生殖生长、营养生长的作用。

γ-氨基丁酸在植物上有如下作用：

（1）γ-氨基丁酸促进植物营养和生殖生长，调控植物对养分的吸收利用。

（2）在逆境胁迫下，如盐害、温度、干旱、重金属等，γ-氨基丁酸能调控植物在逆境下的生长，缓解逆境胁迫对植物生长造成的影响。

（3）γ-氨基丁酸与复合肥、水溶肥、叶面肥等结合，明显地促进作物对钙、镁、硼、锌等元素的吸收。

（4）γ-氨基丁酸与其他成分复配，提高了作物的抗逆能力。

119. 什么是（化学）植物生长调节剂？

植物生长调节剂也称植物生长调节物质，指那些从外部施加给植物，只要很微量就能调节、改变植物生长发育的化学试剂。除了植物激素从外部施加给植物作为生长调节剂外，更多的植物生长调节剂是植物体内并不存在的人工合成有机物：一是植物激素类似物，例如与生长素有类似生理效能的吲哚丁酸、萘乙酸等，与细胞分裂素有类似生理效能的激动素和 6－苄基氨基嘌呤等。二是生长延缓剂，有延缓生长作用，降低茎的伸长而不完全停止茎端分生组织的细胞分裂和侧芽的生长，其作用能被赤霉素恢复，例如矮壮素（CCC）、调节胺等。三是生长抑制剂，也有延缓生长的效果，但与生长延缓剂不同，它们主要干扰顶端的细胞分裂，使茎伸长停顿和破坏顶端优势，其作用不能被赤霉素恢复，例如青鲜素（MH）等。另外，由于除草剂大多是人工合成的生长调节剂，因此，有人把除草剂也作为一大类生长调节剂。

植物生长调节剂，在农业生产上可分别用在促进或抑制植物的营养生长，促进或抑制种子、块根、块茎的发芽，防止或促进器官的脱落，促进生根、坐果和果实发育，控制性别分化、诱导和调节开花，催熟或延迟成熟和衰老，以及杀死田间杂草等方面。

按照《中国农业百科全书》的定义：植物生长调节剂是人工合成的具有生理活性的类似植物激素的化合物。从外部施加少量生长调节剂，可有效地控制植物的生长发育，并且增加农作物的产量。植物生长调节剂在农学和园艺上已得到广泛的应用，其类型按生理作用的差异可分为植物生长促进剂、植物生长延缓剂、植物生长抑制剂、乙烯释放剂、脱叶剂和干燥剂几类。

根据 GB/T 37500—2019《肥料中植物生长调节剂的测定　高效液相色谱法》的规定，植物生长调节剂主要指复硝酚钠、2,4－二氯苯氧乙酸（2,4－D）、脱落酸、萘乙酸、氯吡脲、烯效唑、吲哚-3-乙酸、吲哚丁酸。

120. 肥料中检出植物生长调节剂有哪些？

GB/T 37500—2019《肥料中植物生长调节剂的测定高效液相色谱法》适用于水溶肥料、复合肥料、复混肥料、掺混肥料等肥料中复硝酚钠、2,4-二氯苯氧乙酸、脱落酸、萘乙酸、氯吡脲、烯效唑、吲哚丁酸、吲哚-3-乙酸8种植物生长调节剂的含量测定。

主要检测方法：试样用甲醇进行超声提取，在选定的工作条件下，用高效液相色谱仪（配有二极管阵列检测器）进行测定，以保留时间定性、外标注法定量。

标准中目标物的检出限和定量限分别为：复硝酚钠3毫克/千克和10毫克/千克，2,4-二氯苯氧乙酸（2,4-D）5毫克/千克和10毫克/千克，脱落酸、萘乙酸、氯吡脲、烯效唑3毫克/千克和10毫克/千克，吲哚-3-乙酸、吲哚丁酸5毫克/千克和10毫克/千克。

121. 复硝酚钠对作物生长的影响有哪些？

复硝酚钠是含有几种含硝基苯酚钠盐（有的产品是胺盐）的复合型植物生长调节剂，其主要成分为邻硝基苯酚钠、对硝基苯酚钠和5-硝基邻甲基苯酚钠，含有低毒性。复硝酚钠可经由植株的根、叶及种子吸收，很快渗透到植物体内，以促进细胞原生质的流动，促进植物的发根、生长、生殖和结果。复硝酚钠是一种广谱的植物生长调节剂，与植物接触后能迅速渗透到植物体内，促进细胞的原生质流动，提高细胞活力；能加快生长速度，打破休眠，促进生长发育，防止落花落果，改善产品品质，提高产量，提高作物的抗病、抗虫、抗旱、抗涝、抗寒、抗盐碱、抗倒伏等抗逆能力。它广泛适用于粮食作物、蔬菜、果树、油料作物及花卉等经济作物。可在植物播种到收获期间的任何时期使用，可用于种子浸渍、苗床灌注、叶面喷洒和花蕾撒布等。

注意事项：①复硝酚钠的浓度过高时，将会对作物幼芽及生长有抑制作用。②用作茎叶处理时，喷洒应均匀。不易附着药滴的作物，应先加展着剂后再喷。③复硝酚钠可与一般农药混用，包括波尔多液等碱性药液。若种子消毒剂的浸种时间与复硝酚钠相同时，则可一并使用。与尿素及液体肥料混用时能提高功效。④结球性叶菜和烟草，应在结球前和收烟前 1 个月停止使用，否则会推迟结球，使烟草生殖生长过于旺盛。⑤肥料中的检出限和定量限分别为 3 毫克/千克和 10 毫克/千克。

122. 2,4-二氯苯氧乙酸对作物生长的影响有哪些？

2,4-二氯苯氧乙酸又称 2,4-D，是人工合成的生长素类激素之一。白色或灰色粉末结晶，化学式 $C_8H_6C_{12}O_3$，相对分子质量 221.04。熔点 140.5℃，沸点 160℃。难溶于水，在水中溶解度为 900 毫克/升；易溶于甲醇、丙酮等有机试剂；其钠盐、胺盐易溶于水。纯品呈弱酸性，其钠盐呈弱碱性。

2,4-D 是一种人工合成的植物生长调节剂，其分子结构和生理功能类似于天然生长素 IAA，对植物生长发育具有双向调节效应。低浓度时促进植物生长发育；高浓度时抑制生长，促进植物衰老死亡。

0.1～5 微摩尔的 2,4-D 常被加入培养基，诱导细胞分裂分化和体细胞胚再生；2,4-D 也是一种高效水果保鲜剂，柑橘采后加工处理过程中常使用 50～250 毫克/升的 2,4-D 钠盐，以保持萼片绿色新鲜、延缓萼片衰老褐化、防止果蒂脱落。2,4-D 还能够降低果实采后失重，维持长期贮藏的果实色泽和硬度，延缓总酸含量降低幅度，延长贮藏期。此外，2,4-D 抑制呼吸跃变型果实的呼吸速率和乙烯释放量，降低冷害发生率。高浓度的 2,4-D（1 000 毫克/升）会导致植物气孔关闭从而抑制呼吸和水分蒸腾、减少光合作用和碳同化，造成植物生长畸形或死亡，因此常被用作为禾本科农作物的除草剂，能够选择性地杀死阔叶（双子叶）杂草。另外，2,4-D 及其衍生物具有急性神经毒性，长期暴露于高浓度 2,4-D 的环境下可能会扰乱人体脂类和糖代谢。急性毒性试验证明，2,4-D 在大鼠中的急性半致死剂量（LD50）为 700 毫克/千克，微毒。2，4-D在土壤中的半衰期平均为21天。

肥料中的检出限和定量限分别为5毫克/千克和10毫克/千克。

123. 脱落酸对作物生长的影响有哪些？

脱落酸，分子式为$C_{15}H_{20}O_4$，简称“ABA”，曾被称为“脱落素Ⅱ”“休眠素”，后证实两者为同一物质，统一命名为脱落酸。脱落酸是以异戊间二烯为基本结构单位的倍半萜类化合物。纯品为白色结晶，能溶于乙醇、丙酮和碱性溶液（如碳酸氢钠）等。脱落酸最初是从棉铃和槭树叶中分离出的，现已证实它在植物界普遍存在，特别在成熟和衰老的组织中，但幼嫩器官和组织中也有。脱落酸的生理作用是促进树木芽的休眠和抑制其萌发，另一个明显生理作用可引起气孔迅速关闭。它的作用包括：

（1）加速植物器官脱落　比如叶片、花朵。

（2）抑制整株植物或离体器官的生长　比如胚芽鞘、嫩枝、根和胚轴等器官。

（3）促进种子和芽休眠　种皮型休眠的原因主要是种皮含有的抑制物或对种子内抑制物渗出的阻碍，脱落酸是常见和主要的抑制物；胚胎休眠型的决定因素是胚胎组织中存在的脱落酸，脱落酸促进芽休眠主要是因为增加了芽内脱落酸含量。

（4）在缺水条件下，引起气孔关闭　由于脱落酸促使叶面保卫细胞的钾离子外渗，细胞失水使气孔关闭。故用脱落酸喷植物叶子，可使气孔关闭，降低蒸腾速率。

（5）调节种子胚的发育。

（6）增加抗逆性　脱落酸可诱导植物体中某些酶的重新合成，并因此增加植物的抗冷性、抗涝性和抗盐性。

（7）影响分化　脱落酸可阻遏赤霉酸及细胞分裂素对植物细胞促进生长的作用。

（8）促进叶片衰老和脱落　脱落酸在叶片衰老过程中起着重要的调节作用，由于脱落酸促进叶片衰老，增加了乙烯的生成，从而间接地促进了叶片的脱落。

肥料中的检出限和定量限分别为 3 毫克/千克和 10 毫克/千克。

124. 萘乙酸对作物生长的影响有哪些?

萘乙酸是一种萘类植物生长调节剂，商品名 Rootone、NAA-800、Pruiton - N、Transplantohe、Tre-Hold、Celmone、Stik、Phyomone Planovix 等；分 α 型和 β 型两种，通常指 α 型。纯品白色结晶，无臭无味，熔点 130℃，溶于酒精、丙酮、乙醚、氯仿等有机溶剂，溶于热水，不溶于冷水，其盐水溶性好，结构稳定，耐贮性好。

它有着内源生长素吲哚乙酸的作用特点和生理功能，如促进细胞分裂与扩大，诱导形成不定根，增加坐果，防治落果，改变雌雄花比例。它可经过叶片、树枝的嫩表皮、种子进入到植株体内，随营养流输导到起作用的部位。萘乙酸在生产中用作扦插生根剂、防落果剂、坐果剂、调节开花剂等。在一定浓度范围内抑制纤维素酶活性，防止落花落果落叶。诱发枝条不定根的形成，加速树木的扦插生根。低浓度促进植物的生长发育，高浓度引起内源乙烯的大量生成，从而有矮化和催熟增产作用，还可提高某些作物的抗旱、寒、涝、盐的能力。

注意事项：①萘乙酸难溶于冷水，配制时可先用少量酒精溶解，再加水稀释或先加少量水调成糊状再加适量水，然后加碳酸氢钠（小苏打）搅拌直至全部溶解。②早熟水果品种使用萘乙酸疏花、疏果易产生药害，不宜使用。中午前后气温较高时不宜使用，作物开花授粉期不宜使用。③严格控制使用浓度，防止用量过大产生药害。④肥料中的检出限和定量限分别为 3 毫克/千克和 10 毫克/千克。

125. 氯吡脲对作物生长的影响有哪些?

氯吡脲，又称吡效隆、调吡脲、施特优，代号 KT-30，化学名 N-（2-氯-4-吡啶基）-N-苯基脲，是一种新型植物生长调节剂，最早由美国 Sandoz 公司确认其植物生长调节功能，日本协和发酵工业株式会社开发此品种并申请专利。分子式为：$C_{12}H_{10}ClN_{30}$，相对分子质量247.68，原粉外观为白色晶体粉末，有微弱吡啶味，熔点171℃，难溶于水，溶于甲醇、乙醇、丙酮等有机溶液，常规条件下贮存稳定。工业品为无色透明水溶性液体，含有效成分0.1%，或直接使用含有效成分0.5%的可溶性粉剂。

作用主要表现在以下几个方面：

（1）促进植物的生长　氯吡脲有增加新芽，加速芽的形成，促进茎、叶、根、果的生长功能。

（2）能促进结果　可以增加番茄、茄子、苹果等水果和蔬菜的产量。

（3）加速疏果和落叶作用　疏果可增加果实产量，提高品质，使果实大小均匀。就棉花和大豆而言，落叶可以使收获易行。

（4）浓度高时可用作除草剂。

（5）其他作用　促进棉花干枯，增加甜菜和甘蔗糖分等。

注意事项：①氯吡脲用作坐果剂，主要进行花器、果实处理。在甜瓜、西瓜上应慎用，尤其在浓度偏高时会有副作用产生。提高小麦、水稻千粒重，应以从上向下喷洒小麦、水稻植株上部为主。②肥料中的检出限和定量限分别为3毫克/千克和10毫克/千克。

126. 烯效唑对作物生长的影响有哪些？

烯效唑是一种高效低毒的三唑类植物生长延缓剂，商品名称为烯效唑、特效唑等；纯品为白色结晶，难溶于水，可溶于有机溶剂。烯效唑具有控制营养生长，抑制细胞伸长，缩短节间，矮化植株，促进侧芽生长和花芽形成，增进抗逆性的作用。烯效唑延缓作物生长的生理机制在于它影响贝壳杉烯氧化酶活性，减少赤霉素（GA）的前体原料的形成，阻抑内源GA的合成，降低内源GA水平，并可降低内源生长素吲哚乙酸（IAA）的水平。

（1）烯效唑对植物生长及农艺性状的影响　烯效唑是植物生长的理想调节物质，除了延缓或抑制植物生长之外，更重要的是具有促进植株矮壮和抗倒伏等作用。

（2）烯效唑对植物抗逆性的影响　烯效唑不但在正常的生长环

境下调节植物生长，而且在逆境胁迫下也能影响植物的抗逆性；烯效唑可显著提高作物对热胁迫的耐受性；在低温胁迫下，经烯效唑处理的作物通过提高各种抗氧化酶活性和抗氧化物含量来增强植株的抗寒性；烯效唑浸种处理可显著提高盐分胁迫下黄瓜幼苗叶片内ABA含量，同时降低GA_3和IAA含量，一定程度上改善幼苗体内的水分状况，由此提高幼苗对盐胁迫的耐受性。

注意事项：①烯效唑的用途在不断扩大，它比多效唑在土壤中的半衰期短，而使用浓度一般又比多效唑低5～10倍，对土壤和环境是比较安全的。②肥料中的检出限和定量限分别为3毫克/千克和10毫克/千克。

127. 吲哚丁酸对作物生长的影响有哪些？

吲哚丁酸是一种人工合成的生长素类生长调节剂。分子式为$C_{11}H_{12}O_2N$，相对分子质量203.2，白色或微黄晶粉，溶于醇、丙酮、醚，不溶于水和氯仿，20℃时在水中的溶解度为0.25克/升。易溶于苯，能溶于其他有机溶剂，每100毫升溶解度（克）为：苯＞100，丙酮、乙醇、乙醚3～10，氯仿1～10。对酸稳定，在碱金属的氢氧化物和碳酸化合物的溶液中则成盐。在植物体内不易被氧化，传导性能差。具有类似吲哚乙酸的生理效应，主要用于促进插条发根，有效地促进形成层的细胞分裂。维持药效时间较长，形成不定根多而细长，与萘乙酸混合施用效果更佳。

可经由植物的根、茎、叶、花、果吸收，但移动性小，不容易被吲哚乙酸氧化酶分解，生物活性持续时间长，其生理作用类似生长素；刺激细胞分裂和组织分化，诱导单性结实，形成无子果实；诱发产生不定根，促进插枝生根等。

肥料中的检出限和定量限分别为5毫克/千克和10毫克/千克。

128. 肥料中添加植物生长调节剂的管理办法是什么？

根据《农药管理条例》规定以及农业部办公厅《关于进一步加强植物生长调节剂管理的通知》（农办农〔2011〕61号）文件要

求，只要肥料里面添加了农药，该产品就属于农药，应该按照农药进行登记、生产、经营、使用和监管。未办理农药登记证的，即属于未依法取得农药登记证而生产的农药，或者农药所含有效成分种类与农药的标签、说明书标注的有效成分不符，确定为假农药。对生产和经营假农药的，《农药管理条例》也有明确规定：未取得农药生产许可证生产农药或者生产假农药的，由县级以上地方人民政府农业主管部门责令停止生产，没收违法所得、违法生产的产品和用于违法生产的工具、设备、原材料等，违法生产的产品货值金额不足1万元的，并处5万元以上10万元以下罚款，货值金额1万元以上的，并处货值金额10倍以上20倍以下罚款，由发证机关吊销农药生产许可证和相应的农药登记证；构成犯罪的，依法追究刑事责任。

第五章　水肥一体化技术基础

129. 什么是水肥一体化？

水肥一体化，“Fertigation”，即“Fertilization（施肥）”“Irrigation（灌溉）”两个词组合而成，意为灌溉和施肥结合的一种技术。国内根据英文字意翻译成“灌溉施肥”“加肥灌溉”“水肥耦合”“水肥一体化”“随水施肥”“肥水灌溉”“管道施肥”等多种叫法。

概念：水肥一体化是利用管道灌溉系统，将肥料溶解在水中，同时进行灌溉与施肥，适时、适量地满足农作物对水分和养分的需求，实现水肥同步管理和高效利用的节水农业技术。

狭义来讲，就是将肥料溶入施肥容器中，随同灌溉水沿着管道经灌水器进入作物根区的过程被称为滴灌随水施肥，国外称灌溉施肥（Fertigation），即：根据作物生长各个阶段对养分的需要和土壤养分供给状况，准确将肥料补加和均匀施在作物根系附近，并被根系直接吸收利用的一种施肥方法。通常，与灌溉同时进行的施肥是在压力作用下将肥料溶液注入灌溉输水管道而实现的；溶有肥料的灌溉水，通过灌水器（喷头、微喷头和滴头等），将肥液喷洒到作物上或滴入根区。

广义来讲，水肥一体化就是把肥料溶解后施用，包含淋施、浇施、喷施、管道施用等。扩展开来讲，就是灌溉技术与施肥技术的融合，包括水肥耦合技术、水肥药一体化技术以及叶面肥施用等。

130. 水肥一体化技术的理论基础是什么？

俗话说“有收无收在于水，收多收少在于肥”。水分和养分是作物生长发育过程中的两个重要因子，也是当前可供调控的两大技术因子。根系是作物吸收养分和水分的主要器官，也是养分和水分在植物体内运输的重要部位；作物根系对水分和养分的吸收虽然是两个相对独立的过程，但水分和养分对于作物生长的作用却是相互制约的，无论是水分亏缺还是养分亏缺，对作物生长都有不利影响。这种水分和养分对作物生长相互制约和耦合的现象，特别是在农田生态系统中，水分和肥料两个体系融为一体，或水分与肥料中的氮、磷、钾等因子之间相互作用而对作物的生长发育产生的现象或结果（包括协同效应、叠加效应和拮抗效应），被称为水肥耦合效应。

水肥一体化的理论基础简单地归结为一句话：作物生长离不开水肥，水肥对于作物生长同等重要，根系是吸收水肥的主要器官，肥料必须溶于水才能被根系吸收，施肥也能提高水分利用率，水或肥亏缺均对作物生长不利；将灌溉与施肥两个对立的过程同时进行，并融合为一体，实现了水肥同步、水肥高效。

131. 水肥一体化应遵循的原则是什么？

（1）水肥协同原则　综合考虑农田水分和养分管理，使两者相互配合、相互协调、相互促进。

（2）按需灌溉原则　水分管理应根据作物需水规律，考虑施肥与水分的关系，运用工程设施、农艺、农机、生物、管理等措施，合理调控自然降水、灌溉水和土壤水等水资源，满足作物水分需求。

（3）按需供肥原则　养分管理应根据作物需肥规律，考虑农田用水方式对施肥的影响，科学制定施肥方案，满足作物养分需求。

（4）少量多次原则　按照肥随水走、少量多次、分阶段拟合的原则制定灌溉施肥制度；根据灌溉制度，将肥料按灌水时间和次数进行分配，充分利用灌溉系统进行施肥，适当增加追肥数量和追肥次数，实现少量多次，提高养分利用率。

（5）水肥平衡原则　根据作物需水需肥规律、土壤保水能力、土壤供肥保肥特性以及肥料效应，在合理灌溉的基础上，合理确定氮、磷、钾和中微量元素的适宜用量和比例。

132. 水肥一体化条件下总施肥量如何确定?

作物施肥总量的确定需要根据作物的养分需求规律、农田土壤供肥特性与肥料效应等进行综合考虑，才能提出氮、磷、钾和中微量元素肥料的适宜用量和比例及相应的施肥技术。目前，确定作物推荐施肥量的方法归纳起来有三大类六种方法：① 地力分区法；②目标产量配方法，包括养分平衡法和地力差减法；③田间试验法，包括肥料效应函数法、养分丰缺指标法和氮磷钾比例法。这些方法实质上可分属两类，即：注重田间试验生物统计的肥料效应函数法和偏重于土壤测试的测土施肥法，如养分平衡法、土壤养分丰缺指标法等。

（1）地力分区法　利用土壤普查、耕地地力调查和当地田间试验资料，把土壤按照肥力高低分成若干等级，或划出一个肥力均等的田片作为一个配方区，再应用资料和田间试验成果，结合当地的实践经验，估算出这一配方区内比较适宜的肥料种类及其施用量。这一方法的优点是较为简便，提出的肥料用量和措施接近当地的经验，方法简单，群众易接受。缺点是局限性较大，每种配方只能适用于生产水平差异较小的地区，而且依赖于一般经验较多，对具体田块来说针对性不强。在推广过程中必须结合试验示范，逐步扩大科学测试手段和理论指导的比重。

（2）目标产量配方法　根据作物产量的构成，由土壤本身和施肥两个方面供给养分的原理来计算肥料的用量。先确定目标产量，以及为达到这个产量所需要的养分数量，再计算作物除土壤所供给的养分外，需要补充的养分数量，最后确定施用多少肥料。

① 养分平衡法。根据作物目标产量的需肥量与土壤养分测定值计算的土壤供肥量之差估算作物的施肥量，通过施肥补足土壤供应不足的那部分养分，可按下列公式计算：

施肥量（千克/亩）＝（目标产量所需养分总量－土壤供肥量）/（肥料中养分含量×肥料当季利用率）。养分平衡法涉及目标产量、作物需肥量、土壤供肥量、肥料利用率和肥料中有效养分含量5个参数，目标产量确定后因土壤供肥量的确定方法不同，形成了地力差减法和土壤有效养分校正系数法两种。

② 地力差减法。根据作物目标产量与空白田产量之差来计算施肥量的一种方法。作物在不施任何肥料的情况下所得产量即为空白田产量，它所吸收的养分全部取自土壤，从目标产量中减去空白田产量，就应是施肥所得的产量，可按下列公式计算：

施肥量（千克/亩）＝作物单位产量养分吸收量×（目标产量－空白田产量）/（肥料中养分含量×肥料当季利用率）

③ 土壤有效养分校正系数法。通过测定土壤有效养分含量来计算施肥量，可按下列公式计算：

施肥量（千克/亩）＝（作物单位产量养分吸收量×目标产量）－（土壤测定值×0.15×校正系数）/（肥料养分含量×肥料当季利用率）

注：作物吸收量＝作物单位吸收量×目标产量；土壤供肥量＝土壤测定值×0.15×校正系数；土壤养分测定值以毫克/千克表示，0.15为养分换算系数，校正系数是通过田间试验获得。

（3）田间试验法　通过简单的单一对比，或应用较复杂的正交、回归等试验设计，进行多点田间试验，从而选出最优处理，确定肥料施用量。

① 肥料效应函数法。采用单因素、二因素或多因素的多水平回归设计进行布点试验，将不同处理得到的产量进行数理统计，求得产量与施肥量之间的肥料效应方程式。根据其方程式，可直观地看出不同元素肥料的不同增产效果，以及各种肥料配合施用的互作效果，确定施肥上限和下限，计算出经济施肥量，作为实际施肥量的依据。这一方法的优点是能客观地反映肥料等因素的单一和综合效果，施肥精确度高，符合实际情况；缺点是地区局限性强，不同土壤、气候、耕作、品种等需布置多点不同试验。

② 养分丰缺指标法。这是田间试验法中的一种，此法利用土壤养分测定值与作物吸收养分之间存在的相关性，对不同作物通过田间试验，根据在不同土壤养分测定值下所得的产量分类，把土壤

的测定值按一定的等级差分等，制成养分丰缺及施肥量对照检索表。在实际应用中，只要测得土壤养分值，就可以从对照检索表中，按级确定肥料施用量。

③ 氮、磷、钾比例法。此法也是田间试验法的一种，原理是通过田间试验，在一定地区的土壤上，取得某一作物不同产量情况下各种养分之间的最佳比例，然后通过对一种养分的定量，按各种养分之间的比例关系，来决定其他养分的肥料用量，如以氮定磷定钾、以磷定氮、以钾定氮等。

133. 水肥一体化条件下如何确定作物灌溉制度?

灌溉制度是为了保证作物适时播种（或栽秧）和正常生长，通过灌溉向田间补充水量的灌溉方案。灌溉制度的内容包括灌水定额、灌水时间、灌水次数和灌溉定额。灌水定额是一次灌水在单位面积上的灌水量，生育期各次灌水的灌水定额之和即为灌溉定额，灌水定额和灌溉定额常以米^3/公顷或毫米表示，它们是灌区规划及管理的重要依据。充分灌溉条件下的灌溉制度，是指灌溉能够充分满足作物各生育阶段的需水量要求而设计制定的灌溉方案；作物水肥一体化高效灌溉制度是以最少的水、肥投入获取最高效益而制定的灌溉方案。

灌溉制度的制定主要是每次灌水时间和灌水定额的确定，具体方法为总结群众丰产经验、进行灌溉试验、按水量平衡原理进行计算和根据作物的生理指标制定灌溉制度。下面以棉花为例分别阐述四种灌溉制度建立方法。

（1）基于经验的丰产灌溉制度　在获得早苗、壮苗的基础上，增施肥料、合理灌溉并采用一系列的综合栽培技术，充分满足棉花对肥、水的需求，促使棉苗早发育，确保多坐伏前桃、伏桃和秋桃，减少蕾铃脱落，是获得棉花丰产的重要途径。经过多年的实践、摸索，各地群众根据长期的生产调查和植棉灌溉技术总结，在棉花丰产灌溉技术方面有了很大的提高和创造。棉田灌溉方面的基本经验可以归纳为如下：加强出苗前土壤保墒，棉田冬（春）季贮水灌溉，苗期浇“头水”宜晚，以促使棉苗“敦实健壮”，早发育；在土壤表面墒情不足，不能满足播种、出苗时进行灌溉；在蕾期浇好现蕾水能显著增加伏前桃；保证花铃期的充分供水，维持比较高的土壤湿度，增蕾、增铃，减少脱落，并防止早衰；此外，为充分利用生长期，丰产棉田可适当推迟停水期，满足棉株对水分的需要，大抓秋桃。

（2）基于灌溉试验制定棉花灌溉制度　长期以来，我国各地的灌溉试验站已进行了多年的灌溉试验工作，积累了一大批相关的试验观测资料，这些资料为制定棉花灌溉制度提供了重要依据。棉花膜下滴灌属“浅灌勤灌”，蕾期和花铃期灌水密集，这两个生育阶段的灌水定额可为26～35毫米，蕾期灌水周期为9～10天，花铃期灌水周期为7～8天。

（3）基于水量平衡原理的灌溉制度　基于水量平衡原理的灌溉制度以棉花各生育期内土壤水分变化为依据，从对作物充分供水的观点出发，要求棉花各生育期计划湿润层内的土壤含水量维持在棉花适宜水层深度或土壤含水量的上限和下限之间，降至下限时则应进行灌水，以保证棉花充分供水。应用时一定要参考、结合前两种方法的结果，这样才能使得所制定的灌溉制度更为合理与完善。棉花的耗水量随着灌溉量的增加而增大，北疆棉田适宜的滴灌灌溉量为3 900米^3/公顷，棉花最大蒸散量出现在花铃期，其中开花至吐絮期，耗水量240.96毫米，最大耗水时段为现蕾至吐絮期，日均耗水量3.29～4.15毫米。

（4）根据作物的生理指标制定灌溉制度　棉花对水分的生理反应可从多方面反映出来，利用作物各种水分生理特征和变化规律作为灌溉指标，能更合理地保证作物的正常生长发育和它对水分的需要。目前，可用于确定灌水时间的生理指标包括：冠层—空气温度差、细胞液浓度和叶组织的吸水力、气孔开张度和气孔阻力等。

在生产实践中，常把上述四种方法结合起来使用，根据设计年份的气象资料和作物的需水要求，参照群众丰产经验和灌溉试验资料，结合作物生理指标，根据水量平衡原理拟定作物灌溉制度。

灌水计划依据主要包括：农田土壤水分状况、作物需水量、灌水率、灌水方法和灌水技术 4 个方面。农田土壤水分状况是作物生长环境的核心要素之一，其中田间持水量是土壤中对作物有效水分的上限指标，常以它作为计算灌水定额的依据。作物需水量包含生理和生态需水两个方面，作物生理需水是指作物生命过程中各种生理活动（如蒸腾作用、光合）所需要的水分，植株蒸腾事实上是作物生理需水的一部分；作物生态需水是指整个生育过程中为给作物正常生长发育创造良好的生长环境所需要的水分。灌水率是指灌区单位面积上所需要的灌溉净流量，是确定灌区引水量的重要指标。良好的灌水方法及与该种灌水方法相适应的灌水技术，才能使土壤的养分、空气和温度及水分状况得到合理调节，才能保持良好的土壤结构和养分条件，提高田间灌溉水的有效利用率与灌水劳动生产率。只有充分掌握田间土壤水分状况、种植作物需水量、田间水利用系数，结合适当的灌水方法与灌水技术，才能制定出科学合理的灌水计划。

134. 水肥一体化条件下轮灌组数是如何选择与确定的？

一条支管（辅管）所控制的面积为一个灌水小区，若干个小区构成一个轮灌组。

（1）轮灌组的数目应满足灌溉需水的要求，同时使控制灌溉面积与水源的可供水量相适协调，一般由以下公式计算：$N \leqslant CT/t$（其中 N 为轮灌组的数目，以个表示；C 为系统一天的运行小时数，一般设定为 19～22 小时；T 为灌水时间间隔，以天表示；t 为一次灌水延续时间，以小时表示）。

（2）对于手动、水泵供水且首部无恒压装置的系统，每个轮灌组的总流量尽可能一致或相近，以使水泵运行稳定，提高动力机和水泵的效率，降低能耗。

（3）同一轮灌组中，选用一种型号或性能相似的灌水器，同时种植的品种一致或对灌水的要求相近。

（4）为便于运行操作和管理，通常一个轮灌组所控制的范围最好连片集中。但自动灌溉控制系统不受此限制，而往往将同一轮灌组中的阀门分散布置，以最大限度地分散干管中的流量，减小管径，降低造价。

135. 水肥一体化条件下土壤中水分分布情况如何？

滴灌是将水分以滴水状或细流状的方式落于土壤表面，在土壤表面形成一个小的饱和区，随着滴水量的增加，饱和区逐渐扩大，同时由于重力和毛管力的作用，饱和区的水向各方向扩散，形成土壤湿润体并逐渐扩大；滴灌结束后，由于土壤水分的再分布，在一定时间内土壤湿润体继续扩大，达到稳定状态。不同土壤质地由于其孔隙率不同，以及重力作用和毛管力作用的相对差异，土壤湿润区的形状明显不同，粗粒土的湿润体窄长，细粒土的湿润区宽扁。在均质土壤条件下，滴头流量越大，宽深比越大。整体上讲，滴灌水分由灌水器直接滴入作物根部附近的土壤，在作物根区形成一个椭球形或者球形湿润体。虽然灌水次数多，但湿润的作物根区土壤湿润深度较浅，而作物行间土壤保持干燥，形成了一个明显的干湿界面，因此滴灌条件下作物根区表层（0～30 厘米）土壤含水量较高，与沟灌相比，大量有效水集中在根部。

滴水结束时浸润土体形状取决于土壤特性、滴头流量、土壤初始含水率、灌水量、滴头间距等。

（1）土壤特性 由于土壤质地的不同，湿润体的形状发生变化：重壤土湿润体宽而浅，沙壤土湿润体窄而深。

（2）灌水器流量 黏性土壤中，垂直方向湿润距离随着灌水器流量的增加而减小，而水平方向湿润距离则随之增加。

（3）土壤初始含水率 初始含水率越大，土壤水分运动也越慢；相同入渗时段内，湿润锋水平运移距离随土壤初始含水率的增大而减小，垂直运移距离随土壤初始含水率的增大而增大。

（4）灌水器间距 灌水器流量和间距的选择与点源湿润区之间土壤吸力有关，在沙土上灌水器间距应小些或者加大灌水器流量。大田滴灌的灌水器间距一般较小，使灌水器下方的湿润区相连，形成一条沿着滴灌管方向的湿润带，即线源滴灌。

（5）灌水量　随着灌水量的增加，湿润锋水平、垂直运动距离均在不断增大。

136. 水肥一体化条件下土壤中氮素运移的影响因素有哪些？

氮素在土壤中的运移规律是十分复杂的，受土壤类型、灌水量、灌水方式、施肥液浓度和肥料类型等多种因素的影响。滴灌施肥后土壤氮素主要分布在灌水器周围的湿润土体内，重力与毛管力的大小影响氮素的运移。

（1）土壤类型　滴灌施肥后，无论黏土、壤土还是沙土，硝态氮均在湿润锋附近发生累积，在距滴头 20 厘米范围内均匀分布，这一范围内的硝态氮浓度随施肥液浓度的增加而增加；硝态氮浓度分布与滴头流量无明显关系，硝态氮浓度随灌水量的增加略有减小，湿润锋处硝态氮浓度随灌水量的增加稍有增加。对铵态氮浓度分布影响范围较小，在距滴头 10 厘米范围内，在滴头附近出现铵态氮的浓度高峰，峰值随肥液浓度的增大而升高；距滴头 15 厘米范围内铵态氮浓度随滴头流量和灌水量的增加略有增加。

（2）灌水量　氮素运移的水平和垂直距离主要取决于灌水量，滴灌施肥条件下硝态氮向下运移速度随灌水定额的增加而增大，灌水量高时硝态氮的淋失风险较低灌量大；而当灌水定额和灌水周期一致时，0～40 厘米土层硝态氮和铵态氮的含量随施肥量的增加而增大。

（3）灌溉方式　滴灌施肥运行方式会影响氮素在土壤中的分布特征，采用先灌 1/4 时间的水，接着灌 1/2 时间的肥液，最后灌 1/4 时间水的滴灌施肥方案，氮素在土壤中分布最均匀，且不容易产生硝态氮淋失。

（4）肥料种类　NO_3^- - N 是非常懒惰的，可随水一直运移，单次灌水量较大时，氮素溶质（NO_3^-）在土壤内的分布差异显著；单次灌水量较小且灌水非常频繁时，氮素溶质（NO_3^-）在土壤内分布差异不大；而 NH_4^+ －N 作为一种反应性溶质，其入渗、再分布与土壤水分相比明显滞后，因土壤的吸附作用聚集在滴头周围。尿素的横向扩散作用较强；灌水量足够时，当肥料为铵态氮［$(NH_4)_2SO_4$］时，氮素最多可向下运动至 150 厘米处；而当肥料为硝态氮（KNO_3）时，氮素最多可运动至 210～240 厘米处。

137. 水肥一体化条件下施用硝态氮与铵态氮有什么区别?

铵态氮和硝态氮都是良好的氮源，可以被植物直接吸收和利用，这两种形态的氮素约占植物吸收阴阳离子的 80%。作物种类和环境条件不同，其营养效果有一定差异，施用时必须根据当地作物、土壤等条件进行合理分配选用。植物在吸收和代谢两种形态的氮素上表现不同。首先，铵态氮进入植物细胞后必须尽快与有机酸结合，形成氨基酸或酰胺，铵态氮以 NH_3 的形态通过快速扩散穿过细胞膜，氨系统内的 NH_4^+ 的去质子化形成的 NH_3 对植物毒害作用较大。硝态氮在进入植物体后一部分还原成铵态氮，并在细胞质中进行代谢，其余部分可“贮备”在细胞的液泡中，有时达到较高的浓度也不会对植物产生不良影响，硝态氮在植物体内的积累都发生在植物的营养生长阶段，随着植物的不断生长，体内的硝态氮含量会消耗竭尽（至少会大幅下降）。因此，单纯施用硝态氮肥一般不会产生不良效果，而单纯施用铵态氮则可能会发生铵盐毒害。

虽然铵态氮、硝态氮都是植物根系吸收的主要无机氮，但由于形态不同，也会对植物产生不同效应。硝态氮促进植物吸收阳离子，促进有机阴离子合成；而铵态氮则促进植物吸收阴离子，消耗有机酸。一般而言，旱地植物具有喜硝性，而水生植物或强酸性土壤上生长的植物则表现为喜铵性，这是作物适应土壤环境的结果。植物对铵态氮、硝态氮吸收情况除与植物种类有关外，外界环境条件也有着重要的影响。其中溶液中的两种氮浓度直接影响吸收的多少，温度影响着代谢过程的强弱，而土壤 pH 影响着两者进入的比例，在其他条件一致时，pH 低有利于硝态氮的吸收，pH 高有利于铵态氮的吸收。

水质对氮肥选择的影响也比较大。例如新疆地区的水质偏碱，大部地区引天山雪水进行农田滴灌，雪水在流动分配过程中会吸收流经地的土壤盐分，造成水中的盐分增高，这时选择硝酸钙、硝酸铵钙、硝酸钙镁这些肥料进行滴灌，就会使肥料中的钙镁离子与水中的盐分离子进行反应生成沉淀，时间长容易堵塞滴灌系统，导致整个水肥一体化系统瘫痪。

因此，在水肥一体化系统中对氮肥的选择主要根据作物对氮源的喜好、土壤 pH、通气性、氮肥的溶解性、水的盐度等因素进行综合考量选择。

138. 水肥一体化条件下土壤中磷的运移及分布情况如何?

在氮、磷、钾三大养分中，磷的移动性最小，磷在土壤中扩散距离仅为 3～4 厘米，土壤中施入磷肥后，在较短时间内磷的有效性及移动性迅速降低，其主要原因为土壤对磷的吸附和固定作用。土壤对磷的吸附和固定机制，主要有以下几个方面：

(1) 物理吸附　磷酸盐是一种较难解离的化合物，受固体表面能的吸附而集中在固液相的界面上。

(2) 化学沉淀　土壤中大量存在的钙、镁、铁和铝等离子与磷酸盐作用生成难溶化合物，导致磷的移动性大大降低且可逆性差，磷酸根很难再释放。

(3) 物理化学吸附　磷酸根与土壤颗粒所带的阴离子发生离子交换而被吸附在土壤固相表面。

灌溉施肥下磷素的移动性由众多因子共同影响和决定：

(1) 水是最重要的因子　如果没有水的供应，即使在含磷较高的土壤中，磷也不大可能进行迁移。灌水量大使磷在土壤中的亏缺范围和亏缺强度加大。相反，在灌水量小或土壤干旱时，土壤磷养分的扩散受到抑制，在土体中的移动性下降。

(2) 灌溉时间　当施肥量相同时，灌溉时间越长，磷的移动越大；灌溉频率则对磷的移动无显著影响。

(3) 土壤质地　磷肥渗透深度为沙壤土＞壤土＞黏土。沙土磷酸根离子水平移动为黏土的两倍，垂直移动为黏土的三倍。

（4）磷源　磷移动性表现为聚磷酸铵>磷酸脲>磷酸一铵>磷酸二氢钾>磷酸二铵，聚磷酸铵和磷酸脲分布比较均匀；磷酸二铵主要在灌水器周围。

水肥一体化滴灌施入磷酸一铵后，磷素在石灰性土壤中的移动和分布特点如下：

（1）$H_2PO_3^-$ 在土壤中的迁移聚集以对流作用为主导，表现为“对流—吸附控制”型作用机制。

（2）即使在滴灌条件下，$H_2PO_3^-$ 也主要在土壤表层积累，表层土壤磷较下层土壤磷增加幅度大。在滴灌施肥点土壤磷富集最大，随着灌水器距离的增大而逐渐减少，在 0～20 厘米深的施肥区，磷有效性最高，随剖面深度的增加而逐渐降低。

（3）灌水器流量>2 升/小时，有效磷可在湿润锋处形成速效磷累积；<2 升/小时，有效磷未出现明显聚集现象，灌水量及灌水器流量对 $H_2PO_3^-$ 径向运移效果明显。

（4）单次施肥量增加，可增加 $H_2PO_3^-$ 的垂直和径向运移。

139. 水肥一体化条件下土壤中钾的运移及分布情况如何？

施钾后，钾素的运移及分布规律取决于土壤水分状况、养分状况、土壤黏土矿物类型及电荷密度、土壤酸碱度等因素的影响。

（1）土壤水分状况　滴灌条件下，不仅灌水量、灌水强度和灌水频率会显著影响土壤中钾素分布和运移，而且取决于土壤颗粒对 K^+ 的吸附作用。

（2）土壤养分状况　外源钾施入会破坏土壤中钾素的平衡，改变土壤中钾素的浓度，从而影响土壤中钾素形态的相互转化及其土壤养分有效性，进而影响土壤中钾素的迁移和分布。无机钾肥完全为水溶性，施到土壤中会迅速增加土壤中速效钾和缓效钾的含量，但其极易被土壤固定。

（3）土壤黏土矿物类型及电荷密度　不同土壤类型各种形态钾素的含量不同，而各种形态钾素含量又取决于土壤黏土矿物类型和黏粒的组成。土壤钾素含量随着土壤黏粒含量的增加而增加。土壤溶液中的K^+和吸附在土壤表面的K^+处于动态平衡中，K^+吸附量除受本身浓度影响之外，还与表面电荷和电位有关。

（4）土壤酸碱度　土壤pH主要是通过影响土壤钾素的固定和释放来改变土壤溶液中钾的浓度，进而影响土壤溶液中钾素的迁移。在pH为5.8～8.0时，K^+代换Ca^{2+}、Mg^{2+}比代换H^+、Al^{3+}容易，钾的固定量增加；在碱性条件下，陪伴离子以Na^+为主，K^+代换Na^+更加容易，钾更容易被固定。

在已有的水肥一体化滴灌施钾研究结果中，由于碱性土壤颗粒对K^+的吸附作用，致使K^+流动性差，入渗结束后，土壤钾素更易在0～10厘米表层富集，很难运移到垂直方向30厘米以下，并且K^+很难到达作物根系集中层，钾的浓度峰值发生在施肥层附近。滴灌施钾，灌水施肥量一定时，随灌水器流量增大，钾素在土壤中的径向运移距离变化不明显，垂直运移距离呈减小趋势；灌水器径向30厘米范围内，0～10厘米土层速效钾浓度增大，15～30厘米土层速效钾浓度减小。灌水器流量一定，随灌水施肥量增大，速效钾在土壤中的径向运移距离增大，垂直运移距离变化不明显，灌水器径向30厘米内，0～30厘米范围土层速效钾浓度增大。

140. 施肥时间与养分分布之间存在什么关系？

滴灌施肥通常是将肥料与灌溉水结合在一起，通过水肥一体化技术按肥料预计量和预计时间供给作物吸收利用。滴灌水分由灌水器直接滴入作物根部附近的土壤，在作物根区形成一个椭球形或球形湿润体。由于滴灌随水施肥的特点，养分也集中分布在由滴水形成的湿润体内。对于单个灌溉周期，随水施肥一般分为三个阶段：第一阶段先滴清水，第二阶段将肥料和水一同施入土壤中，第三阶段用清水冲洗施肥系统并将肥料运移到作物根区。大田土壤中的养分运移规律遵循“盐随水来，盐随水走”的规律。随着滴灌施肥时间的增加，湿润锋水平、垂直运动距离均在不断增大，氮、磷、钾双向迁移的距离增加。目前第二个阶段一般采取的是氮、磷、钾复合肥或者单质肥料混合施用，然而氮、磷、钾养分在土壤中的运移距离和速度不同：尿素随水滴施后容易随水分运移；磷肥容易被土壤吸附固定，移动性相对氮素而言较弱；钾素的移动性相对氮素而言较弱，而较磷素强。由于灌水量及肥料元素不同的迁移特点、灌溉施肥的三个周期分配不合理等因素影响，氮、磷、钾在根区分布出现五种情况：①氮、磷、钾都未到达根区；②氮到达根区磷、钾未到达根区；③氮、钾到达根区磷肥未达到；④氮、钾超过根区而磷肥刚好到达；⑤氮、磷、钾均在根区（最理想方式）。在相同的施肥量和灌溉量下，不同的运移速度往往造成氮、磷、钾分布区和作物根系分布不一致，不利于氮、磷、钾的吸收，抑制了水肥效率的提高和作物增产。

141. 水肥一体化灌溉工程分类有哪些？

灌溉工程的建设应以增加农民收入及保障粮食安全为前提，是水肥一体化发展的核心。下面将分类介绍主要的水肥一体化灌溉工程。

（1）滴灌水肥一体化工程　指利用塑料管道将水通过直径约10毫米及以上毛管上的孔口或灌水器送到作物根部进行局部灌溉。这是目前干旱缺水地区最有效的一种节水灌溉方式，水分利用率可达95%。滴灌较喷灌具有更好的节水增产效果，同时可以结合施肥，提高肥效一倍以上，可适用于果树、蔬菜、经济作物以及温室大棚灌溉，在干旱缺水的地方也可用于大田作物灌溉。其不足之处是滴头易结垢和堵塞，因此，应对水源进行严格的过滤处理。

（2）水窖滴灌水肥一体化工程　指通过雨水集流或引用其他地表径流到水窖（或其他微型蓄水工程）内，再配上滴灌以解决干旱缺水地区的农田灌溉问题。它具有结构简单、造价低、家家户户都能采用的特点。对干旱贫困山区实现每人有半亩到一亩旱涝保收农田，解决温饱问题和发展庭院经济有重要作用，应在干旱和缺水山区大力推广。

（3）地下滴灌水肥一体化工程　指把滴灌管埋入地下作物根系活动层内，灌溉水通过微孔渗入土壤供作物吸收。有的地方在塑料管上隔一定距离钻一个小孔，将管道埋入地下植物根部附近进行灌溉，群众俗称“渗灌”。地下滴灌具有蒸发损失少、省水、省电、省肥、省工和增产效益显著等优点，果树、棉花、粮食作物等均可采用。其缺点是当管道间距较大时灌水不够均匀，在土壤渗透性很大或地面坡度较陡的地方不宜使用。

（4）膜上灌、膜下灌水肥一体化工程　用地膜覆盖田间的垄沟底部，引入的灌溉水从地膜上面流过，并通过膜上小孔渗入作物根部附近的土壤中进行灌溉，这种方法称作膜上灌，在新疆等地已大面积推广。采用膜上灌，深层渗漏和蒸发损失少，节水显著，在地膜栽培的基础上不需再增加材料费用，并能起到对土壤增温和保墒作用。在干旱地区可将滴灌管放在膜下，或利用毛管通过膜上小孔进行灌溉，这种方法称作膜下灌。这种灌溉方式既具有滴灌的优点，又具有地膜覆盖的优点，节水增产效果更好。

（5）喷灌水肥一体化工程　指利用管道将有压水送到灌溉地段，并通过喷头分散成细小水滴，均匀地喷洒到田间，对作物进行灌溉。它作为一种先进的机械化、半机械化灌水方式，在很多发达国家已广泛采用。常用的喷灌有管道式、平移式、中心支轴式、卷盘式和轻小型机组式。

（6）微喷水肥一体化工程　微喷是新发展起来的一种微型喷灌形式。它是利用塑料管道输水，通过微喷头喷洒进行局部灌溉。它比一般喷灌更省水，可增产30%以上，能改善田间小气候，可结合施用化肥，提高肥效。主要应用于果树、经济作物、花卉、草坪、温室大棚等灌溉。

142. 滴灌水肥一体化系统组成有哪些？

滴灌水肥一体化系统主要由水源工程、首部枢纽工程（包括水泵及配套动力机、过滤系统以及施肥系统）、输配水管网（输水管道和田间管道）、滴头四部分组成。

（1）水源工程　滴灌系统的水源可以是河流、湖泊、池塘、水库、水窖、机井、泉水、沟渠等，但水质必须符合灌溉（滴灌）水质的要求，由于这些水源常不能被滴灌施肥系统直接利用，或流量不能满足滴灌的要求，因此，要修建一些配套的引水、蓄水或提水工程，即为水源工程。水源工程一般是指：从水源取水进行滴灌而修建的拦水、引水、蓄水、提水和沉淀工程，以及相应的输水配电工程。

（2）首部枢纽工程　主要由动力机、水泵、施肥装置、过滤设施和安全保护及其测量控制设备，如控制阀门、进（排）气阀、压力表、流量计等组成，其作用是从水源中取水加压，并注入肥料（或农药等）经过滤后按时、按量输送到输配水管网中去，并通过压力表、流量计等测量设备监测系统情况，承担整个系统的驱动、监测和调控任务，是全系统的控制调配中枢。

（3）输配水管网（输配水管道）　输配水管网的作用是将首部枢纽处理过的水、肥按照计划要求输送、分配到每个滴水、施肥单元和滴水器（滴灌带、滴头）。滴灌施肥系统的输配水管道一般由干管、支管和毛管三级管道组成。毛管是滴灌系统末级管道，其间安装灌水器，即滴灌带、滴头。滴灌系统中直径小于或等于 63 毫米的管道，一般用聚乙烯（PE）管材；大于 63 毫米的管道一般用聚氯乙烯（PVC）管材。常用的田间灌溉系统分为支管和辅管两种灌溉系统：①支管灌溉系统："干管＋支管＋毛管"；②辅管灌溉系统："干管＋支管＋辅管＋毛管"。

（4）灌水器　它是滴灌系统的核心部件，灌水器是通过流道或孔口（孔眼）将毛管中的压力水变成水滴或细流的装置，其要求工作压力为 50～100 千帕，流量为 1.0～12 升/小时，流经各级管道进入毛管，经过滴头流道的消能及调解作用，均匀、稳定地滴入土壤作物根层，以一个恒定的低流量滴出或渗出以后，在土壤中向四周扩散，满足作物对水肥的需求。滴头是滴灌系统中最重要的设备，其性能、质量的好坏直接影响滴灌施肥系统的可靠性及滴水、施肥的优劣。

143. 灌溉水源选择及注意事项有哪些？

滴灌滴头和管道在日常使用中经常造成堵塞，除了部分使用者专业技能不到位和日常养护不当外，其主要原因多为对灌溉水源水质的要求不严格。长期使用劣质水源进行滴灌，不仅会造成滴灌滴头和管道的堵塞，使滴灌系统不能正常运转，还会造成农田土壤土质恶化、肥力降低，导致农作物质量和产量低下，威胁国家粮食安全及人类健康。标准的滴灌灌溉水源水质应符合以下几点要求：

（1）水温　灌溉水的水温不能过高也不能过低。据统计，一般农作物正常生长的适宜水温为16～30℃，所以灌溉水温要基本符合这个要求，过高或过低对农作物的生长都有影响。

（2）水体杂质　如果水体中泥沙、杂草、悬浮物及化学沉淀物等过多，会直接导致滴灌管道和滴头堵塞，长期累积会使整个滴灌系统崩溃，造成不必要的经济损失。同时，当水体中悬浮物浓度过高时，还会造成土壤气孔堵塞，降低土壤通透性，使植物根系难以获得足够的氧气而生长缓慢。通常灌溉水进入滴灌系统之前要进行过滤，保证水体清澈，以避免上述问题的发生。

（3）水体pH　一般农业生产中灌溉用水的pH范围要控制在5.5～8.5。由于污染或地质原因，我国部分地区水体pH超标，不能直接用于农田灌溉，需要进行调节，使其达到农业生产允许的范围方可使用，否则会影响农作物生长，还会对滴灌带和灌水器有损害。

（4）大肠菌群　大肠菌群指标能表示水体受到人类排泄物污染的程度和水质使用的安全程度，国家灌溉水标准规定大肠菌群在每升水中的个数小于1万个。

144. 滴灌水肥一体化首部组成及首部主要设备选择依据是什么？

滴灌系统的首部枢纽包括动力机、水泵、变配电设备、施肥药装置、过滤设施和安全保护及量测控制设施。其作用就是从水源取水加压，并加入肥料和农药，经净化处理，滴灌首部担负着整个滴灌系统的加压、供水（肥、药）、过滤、量测和调控任务，是全系统的控制调配中心。

（1）水泵及配套动力机　滴灌系统中常用的动力机主要以电动机为主；滴灌常用的水泵主要有离心泵和潜水泵两种。根据水源及基础设施的条件不同选择相应的灌溉水泵及动力机。水源为地表水，有电力条件选择电动机＋离心水泵，无电力条件选择柴油发电机＋电动机＋离心水泵或柴油机＋离心水泵；水源为地下水，选择潜水泵。水泵选型的基本原则：①在设计扬程下，流量满足滴灌设计流量要求；②在长期运行过程中，水泵的工作效率要高，而且经常在最高效率点的右侧运行为最好；③便于运行管理。

（2）过滤系统　根据水源及水质的不同选择相应的过滤设备。离心式过滤器的主要作用是滤去水中大颗粒、高密度的固体颗粒，为达到应有的水质净化效果，必须保证灌溉系统的流量变化在其工作范围内。砂石过滤器的主要作用是滤除水中的有机质、浮游生物及一些细小颗粒的泥沙。灌溉用水为水质较好的地表水选用水泵为离心泵，一般选用无压反冲洗过滤器（安装水泵在吸程管末端）。灌溉用水为地表水且水质较差，一般采用砂石过滤器＋网式过滤器/碟片过滤器。灌溉用水为地下水，一般采用离心过滤器＋网式过滤器/叠片过滤器。

（3）施肥加药系统　滴灌施肥的效率取决于肥料罐的容量，用水稀释肥料的稀释度、稀释度的精确程度、装置的可移动性，以及设备的成本及其控制面积等。化肥及农药注入的装置和容器应安装于过滤器前面，以防未溶解的化肥颗粒堵塞滴水器。化肥的注入方式有三种：第一种是用小水泵将肥液压入干管；第二种是利用于管上的流量调节阀所造成的压差，使肥液注入干管；第三种是射流注入。常见的将肥料加入滴灌系统的方法可分为重力自压施肥法、泵吸肥法、泵注肥法、旁通罐施肥法、文丘里施肥法、比例施肥法等。

（4）安全保护及量测控制设施　量测设施主要指流量、压力测量仪表，用于首部枢纽和管道中的流量和压力测量；过滤器前后的压力表反映过滤器的堵塞程度；水表用来计量一段时间内管道的水流总量或灌溉水量，选用水表时以额定流量大于或接近于设计流量为宜；控制设施一般包括各种阀门，如闸阀、球阀、蝶阀、流量与压力调节装置等，其作用是控制和调节滴灌系统的流量和压力；保护设施用来保证系统在规定压力范围内工作，消除管路中的气阻和真空等，一般有进（排）气阀、安全阀、逆止阀、泄水阀、空气阀等。

145. 过滤器类型及其工作原理是什么?

滴灌系统过滤器的主要类型：离心过滤器、砂石过滤器、叠片式过滤器和网式过滤器四种，这四种过滤器除离心过滤器不能独立应用以外，其他三种可独立也可组合搭配成过滤系统。

（1）离心分离器　利用离心力加沉降原理把微灌水源水中含有的固体颗粒分离出来，使水质得到初步净化。在工业生产中，离心分离器用来对颗粒分级、浓缩和脱泥沙，而在农业微灌中主要起脱泥沙作用，由于其结构简单，本身没有运动部件，在合理的设计使用条件下有一定的分离效果。

（2）砂石过滤器　又称石英砂过滤器、砂滤器，它是通过均质等粒径石英砂形成砂床作为过滤载体进行立体深层过滤的过滤器，常用于初级过滤。

（3）叠片式过滤器　也叫盘式过滤器，它是由一组双面带不同方向沟槽的塑料盘片相叠加构成，其相邻面上的沟槽棱边形成许许多多的交叉点，这些交叉点构成了大量的空腔和不规则的通路，这些通路由外向里不断缩小。过滤时，这些通路导致水的紊流，最终促使水中的杂质被拦截在各个交叉点上，形成了无数道杂质颗粒无法通过的网孔，层叠起来的叠片组成一个过滤体。

（4）网式过滤　是一种非常传统也是应用最广泛的过滤器，它用丝、条、棒或板通过编织、焊接、打孔和烧结等加工工艺，加工成以一定精度的孔、缝隙来过滤的过滤介质体，常见的有编织网、楔形金属丝网、激光打孔网和烧结板网等。这类过滤介质体又通过不同的工艺加工成板框式、筒体式、锥体式等形式，配合固定滤网的壳体、密封组件或加有清洗装置而成网式过滤器。

146. 过滤器选择依据及其注意事项有哪些？

节水灌溉的水源主要有两种水源，分为地下水和地表水，地下水也就是井水。而地表水如江、河、湖泊、水塘、沟渠为水源的水，水质差别非常大；井水水源单一，灌溉时只需要配置离心＋网式或者离心＋叠片过滤模式就可以。地表水过滤处理是本书讲的重点，地表水作水源的节水灌溉过滤系统，过滤器选型难度相对较大，主要原因是水源的来源不同、水质变化大，简单配置很容易造成应用时出现问题，另外操作管理难度大，也是应用中反映问题最多的一个环节。

对节水灌溉的过滤系统，从使用效果来讲，推荐使用全自动控制形式的过滤系统，如果人工控制，会非常麻烦，也影响使用效果。地表水过滤系统按经验设计时，多数设计为砂石过滤＋网式过滤或者砂石过滤＋叠片过滤，这两种设计选型基本上能满足节水灌溉的过滤选型和要求，也是最常用的模式。在节水灌溉设计以地表水作水源时有个基础指标，就是水源含悬浮物超过 10 毫克/升时，必须采用多级过滤，并且砂石过滤在前、网式或叠片过滤在后。这样设计的主要原因是用二级过滤来分散负荷，由砂滤拦截以有机物为主的悬浮质，当负荷过重时，悬浮质粒径过小，穿透过砂滤的杂质由第二级作保护过滤。地表水水源水质，当悬浮杂质超过 10 毫克/升时必须选用砂石过滤器，而 10 毫克/升仅只是下限指标，没有上限指标，真实的地表水水质 95％以上超过这个指标。

是不是这样选取砂石过滤＋网式或者叠片式组成二级过滤就能满足滴灌要求呢？答案当然是否定的。地表水体中，有悬浮质的有机物藻类、胶质体，也有微生物和微小泥沙，同时也会有大量的悬移质，悬移质主要是无机物类泥沙。对悬移质处理的方式就是引入沉淀池。沉淀池可作沉淀蓄水两用，并且要设计得当，否则起到的作用很小。那么沉淀为一级处理，砂滤为二级过滤，网式或者叠片式过滤作为保护过滤，这就是三级过滤水处理模式。

过滤系统合理的设计和良好的应用，最核心的要素是因地制宜、因水选择。

（1）要了解当地水源的来源和水体中悬浮物的特性　指用作灌水的水源是地下井水还是地面湖泊水库水，由于水源不一样，水体中悬浮物特质就会不一样，杂质浓度也会不一样，甚至日照、风向、取水位置都会有影响悬浮杂质的变化。有的有机物多，有的无机物泥沙占多数，所以一定要了解清楚现场水源情况，有针对性地设计配置好过滤系统。

（2）明确灌水器对过滤系统处理水质的要求　指灌溉设计配置的灌水器，如滴灌带、滴灌管，是采用地埋管还是一年一用迷宫式滴灌带，毛管布设长度、压力变化范围以及灌水器的流量大小等，这些因素同样决定了过滤系统的选取。对一年一换的迷宫式滴灌带，运行流量偏大的可以适当降低过滤系统要求；反之，地埋管和小流量的滴灌系统一定要在普通过滤要求上再适当提高，给系统预留一定处理能力。

（3）了解各种过滤器正常运行的条件　指设计和应用一套过滤系统前首先要了解各类过滤器的工作原理和运行条件，才能根据现场水源条件和灌水器要求来设计或选用不同的过滤方式来组建一个系统。实际应用时，使用者在这两点上了解原理的多，但理解过滤器的运行条件的少，比如说砂滤的粒径、过滤介质的深度、运行的压力损耗、反冲洗时的强度、适用的过滤流量等，每一项都会影响过滤单元的正常运行；又比如网式过滤器和叠片式过滤器最低工作压力、过滤材料、有效过滤面积这些技术指标是过滤器运行的基础要素，假若不了解，简单盲目地配置，过滤系统能达到良好应用要求一定是不可能的。

147. 如何对过滤器进行清洗？

（1）手动清洗

①调整首部总阀的开启度，以获得足够的反冲洗压力，然后缓慢地打开反冲洗控制阀和排污管上的反冲洗流量调节阀，检查水

流，当发现有过滤物被冲出时，立刻将反冲洗流量控制阀锁定在此位置不动（此手动冲洗过程适用于砂石过滤器）；②扳动手柄，放松螺杆，拆开压盖，取出滤芯，用刷子刷洗滤芯、筛网上污物，并用清水冲洗干净（此手动冲洗过程适用于筛网和叠片式过滤器）。

（2）自动清洗　这种过滤器装有冲洗排污阀，当过滤器上、下游压力表差值超过一定限度（通常为3～5米）时，表示滤网上积存的污物已经影响过滤器的正常运行，需要冲洗。此时打开冲洗排污阀门，冲洗20～30秒后关闭，即可恢复正常运行（注意自动冲洗时，叠片式过滤器的叠片必须能自行松散，若叠片被黏在一起，不易彻底冲洗干净，需要冲洗多次）。

（3）电脑自动控制冲洗　配有可调微电脑控制仪，解决了反冲洗过滤器设备运行中需要停机、冲洗效率低、易堵塞的弊端。它可连续工作，压力稳定，灌水质量高。灌溉结束时，应取出滤网的滤芯，涮洗晾干后备用。

148. 施肥设备的类型有哪些？

常用的施肥设备主要有压差式施肥罐、文丘里施肥器、重力自压式施肥设备、泵吸施肥设备、泵注施肥设备等。

（1）压差式施肥罐　压差式施肥罐是田间应用较广泛的施肥设备。在发达国家的果园中随处可见，我国在大棚蔬菜及大田生产中也广泛应用。压差式施肥罐由两根细管（旁通管）与主管道相连接，在主管道上两条细管接点之间设置一个节制阀（球阀或闸阀）以产生一个较小的压力差（1～2米水压），使一部分水流入施肥罐，进水管直达罐底，水溶解罐中肥料后，肥料溶液由另一根细管进入主管道，将肥料带到作物根区。

（2）文丘里施肥器　同施肥罐一样，文丘里施肥器在灌溉施肥中也得到广泛的应用。文丘里施肥器可以做到按比例施肥，在灌溉过程中可以保持恒定的养分浓度。水流通过一个由大渐小然后由小渐大的管道时（文丘里管喉部），水流经狭窄部分时流速加大，压力下降，使前后形成压力差，当喉部有一更小管径的入口时，形成负压，将肥料溶液从一敞口肥料罐通过小管径细管吸取上来。

(3) 重力自压式施肥设备　在应用重力滴灌或微喷灌的场合，可以采用重力自压式施肥法。在南方丘陵山地果园或茶园，通常引用高处的山泉水或将山脚水源泵至高处的蓄水池。通常在水池旁边高于水池液面处建立一个敞口式混肥池，池大小在 0.5～2.0 米^3，可以是方形或圆形，方便搅拌溶解肥料即可。池底安装肥液流出的管道，出口处安装 PVC 球阀，此管道与蓄水池出水管连接。池内用 20～30 厘米长大管径管（如 75 毫米或 90 毫米 PVC 管），在大管径管入口用 0.125～0.15 毫米孔径尼龙网包扎。施肥时先计算好每轮灌区需要的肥料总量，倒入混肥池，加水溶解或溶解好直接倒入。打开主管道的阀门，开始灌溉。然后打开混肥池的管道，肥液即被主管道的水流稀释带入灌溉系统。通过调节球阀的开关位置，可以控制施肥速度。当蓄水池的液位变化不大时（南方许多地区一边滴灌一边抽水至水池），施肥的速度可以相当稳定，保持一个恒定养分浓度。

(4) 泵吸施肥设备　泵吸施肥是利用离心泵将肥料溶液吸入管道系统，适合于任何面积的施肥。为防止肥料溶液倒流入水池而污染水源，可在吸水管后面安装逆止阀。通常在吸肥管的入口包上 0.125～0.15 毫米孔径滤网（不锈钢或尼龙），防止杂质进入管道。

(5) 注肥设备　在有压力管道中施肥要采用注肥设备。打农药常用的柱塞泵或一般水泵均可使用。注入口可以在管道上任何位置，要求注入肥料溶液的压力要大于管道内水流压力。该法注肥速度容易调节，方法简单，操作方便。

149. 灌溉施肥方法都有哪些特征?

按照控制方式的不同，灌溉施肥可分为两大类：一类是按比例供肥，其特点是以恒定的养分比例向灌溉水中供肥，供肥速率与滴灌速率成比例。施肥量一般用灌溉水的养分浓度表示，如文丘里注入法和供肥泵法。另一类是定量供肥又称为总量控制，其特点是整个施肥过程中养分浓度是变化的，施肥量一般用千克/公顷表示，如带旁通的贮肥罐法。按比例供肥系统价格昂贵，但可以实现精确施肥，主要用于轻质和沙质等保肥能力差的土壤；定量供肥系统投入较小，操作简单，但不能实现精确施肥，适用于保肥能力较强的土壤。

（1）压差式施肥罐施肥法　压差式施肥罐施肥采用按数量施肥的方式，开始施肥时流出的肥料浓度高，随着施肥进行，罐中肥料越来越少，浓度越来越稀。罐内养分浓度的变化存在一定的规律，即在相当于4倍罐容积的水流过罐体后，90%的肥料已进入灌溉系统（但肥料应在一开始就完全溶解），流入罐内的水量可用罐入口处的流量表来测量。灌溉施肥的时间取决于肥料罐的容积及其流出速率。因为施肥罐的容积是固定的，当需要加快施肥速度时，必须使旁通管的流量增大。此时，要把节制阀关得更紧一些。在田间情况下很多时候用固体肥料（肥料量不超过罐体的1/3），此时肥料被缓慢溶解，但不会影响施肥的速度。在流量压力肥料用量相同的情况下，不管是直接用固体肥料，还是将其溶解后放入施肥罐，施肥时间基本一致。由于施肥的快慢与经过施肥罐的流量有关，当需要快速施肥时，可以增大施肥罐两端的压差，反之，则减小压差。

（2）文丘里施肥器施肥法　文丘里施肥器的注入速度取决于产生负压的大小（即所损耗的压力）。损耗的压力受施肥器类型和操作条件的影响，损耗量为原始压力的10%～75%。选购时要尽量购买压力损耗小的施肥器。由于制造工艺的差异，同样产品不同厂家的压力损耗值相差很大。由于文丘里施肥器会造成较大的压力损耗，通常安装时加装一个小型增压泵。一般厂家均会告知产品的压力损耗，设计时根据相关参数配置加压泵或不加泵。吸肥量受入口压力、压力损耗和吸管直径影响，可通过控制阀和调节器来调整。文丘里施肥器可安装于主管路上（串联安装）或者作为管路的旁通件安装（并联安装）。在温室里，作为旁通件安装的施肥器其水流由一个辅助水泵加压。

文丘里施肥器具有显著优点，不需要外部能源，从敞口肥料罐吸取肥料的花费少，吸肥量范围大，操作简单，磨损率低，安装简易，方便移动，适于自动化，养分浓度均匀且抗腐蚀性强。不足之处为压力损失大，吸肥量受压力波动的影响较大。虽然文丘里施肥器可以按比例施肥，在整个施肥过程中保持恒定浓度供应，但在制订施肥计划时仍然按施肥数量计算，比如一个轮灌区需要多少肥料要事先计算好。如用液体肥料，则将所需体积的液体肥料加到贮肥罐（或桶）中；如用固体肥料，则先将肥料溶解配成母液，再加入贮肥罐，或直接在贮肥罐中配制母液。当一个轮灌区施完肥后，再安排下一个轮灌区。

（3）重力自压式施肥法　利用自重力施肥，由于水压很小（通常在 3 米以内），用常规的过滤方式（如叠片过滤器或筛网过滤器），过滤器的堵水作用往往使灌溉施肥过程无法进行。可用下面的方法解决过滤问题：在蓄水池内出水口处连接一段 1～1.5 米长的 PVC 管，管径为 90 毫米或 110 毫米。在管上钻直径 30～40 毫米的圆孔，圆孔数量越多越好，将 0.125 毫米孔径的尼龙网缝制成管大小的形状，一端开口，直接套在管上，开口端扎紧。用此方法大大地增加了进水面积，虽然尼龙网也照样堵水，但由于进水面积增加，总的出流量也增加。混肥池内也用同样方法解决过滤问题。当尼龙网变脏时，更换一个新网或洗净后再用。经几年的生产应用，效果很好。由于尼龙网成本低廉，容易购买，用户容易接受和采用。

（4）泵吸施肥法　泵吸肥法的优点是不需要外加动力，结构简单，操作方便，可用敞口容器盛肥料溶液。施肥时通过调节肥液管上阀门，可以控制施肥速度。缺点是要求水源水位不能低于泵入口 10 米。施肥时要有人照看，当肥液快完时立即关闭吸肥管上的阀门，否则会吸入空气，影响泵的运行。用该方法施肥操作简单，速度快，设备简易。当水压恒定时，可做到按比例施肥。

150. 输水管网安装注意事项有哪些？

滴灌系统输水管的地下干管、分干管一般采用硬聚氯乙烯

（U－PVC）管。

（1）管道安装一般按以下步骤进行

①干管管网铺设前检查。对塑料管规格和尺寸进行复查，管内必须保持清洁，重点检查管材外划擦伤痕问题。检查管材、管件、胶圈、黏结剂的质量是否合格。

② 管道安装。管材放入沟槽—连接—部分回填—试压—全部回填。

（2）管道安装要求

① 管道安装前要认真复测管槽，管槽基坑应符合设计图纸要求。管道安装施工过程中，及时填写施工记录，并分施工内容进行阶段验收，尤其对一些意外情况的处理应及时填写清楚。

②施工温度要求。黏结剂黏结不得在5℃以下施工；胶圈连接不得在－10℃以下施工。

③管道安装时，如遇地下水或积水，应采取排水措施；管道穿越公路、沟道等处时，应采取加套管、砌筑涵洞；对暴露管线采用防腐蚀处理。

④管道安装和铺设中断时，应用木塞或其他盖堵管口封闭，防止杂物、动物等进入管道，导致管道堵塞或影响管道卫生。

⑤在昼夜温差较大地区，应采用胶圈（柔性）连接，如采用黏结口连接，应采取措施防止因温差产生的应力破坏管道接口。管道不得铺设在冻土上，冬季施工应清完沟底（未有冻层）后及时安装并回填，防止在铺设管道和管道试压过程中沟底冻结。

⑥塑料管承插连接时，承插口与密封圈规格应匹配，管道放入沟槽时，扩口应在水流的上游。

⑦管道若在地面连接好后放入沟槽则要求：管径口径小于160毫米；柔性连接（黏结管道放入沟槽必须固化后保证不移动黏结部位）；沟槽浅；靠管材的弯曲转弯；安装直管无节点。

⑧管道在铺设过程中可以有适当的弯曲，可利用管材的弯曲转弯，但幅度不能过大，曲率半径不得小于管径的300倍，并应浇筑固定管道弧度的混凝土或砖砌固定支墩。当管道坡度大于1∶6时

应浇筑防止管道下滑的混凝土防滑墩。

⑨在干管与支管连接处设置闸阀井，在干管的末端设置排水井。

⑩管道上的三通、四通、弯头、异径接头和闸阀处均不应设在冻土上，如无条件采取措施保证支墩的稳定，支墩与管道之间应设塑料或橡胶垫片，以防止管道的破坏。

151. 灌水器类型、规格及选择依据有哪些？

灌水器是滴灌系统中的重要设备元件，滴头好坏直接影响灌溉质量。国内外灌水器的种类繁多，根据灌水器的结构与出流形式，灌水器通常分为滴头和滴灌管（带）两大类。

（1）滴头　通过流道或孔口将毛管中的压力水流变成滴状或细流状的装置称为滴头。滴头分类方式很多，一般有以下三类：

①按滴头与毛管的连接方式。

A. 管上式滴头（竖装）：结构与管间滴头基本相同，只是另一端封闭，螺纹芯子可拧出拧入，以便冲洗或调节流量。螺纹长的，流量为7.5升/小时；螺纹短的，流量可达9.5升/小时。

B. 管间式滴头（卧装）：我国制造的管间滴头，其流道宽度为0.75～0.9毫米，长度为50～60厘米，在1个标准大气压下，额定出水流量为2～3升/小时。

C. 内镶式滴头（螺旋形滴头）：这种滴头由直径为1毫米的聚丙烯小管卷成螺旋形，又称为发丝滴头，其工作压力为0.7千克/厘米^2，流量为0.9～9升/小时；改变螺旋圈数，可调节流量。

②按滴头流态。滴头分为紊流式滴头，层流式滴头（多孔毛管、双腔管、微管）。

③按水力补偿性能。滴头又可分为非压力补偿滴头与压力补偿型滴头两种。压力补偿型滴头是利用水流压力对滴头内弹性体的作用，使流道（或孔口）形状改变或过水断面面积发生变化，即当压力减小时，增大过水断面面积，压力增大时，减小过水断面面积，从而使滴头流量自动保持在一个变化幅度很小的范围内。非压力补

偿滴头是利用滴头内的固定水流流道消能，其流量随压力的升高而增大。非压力补偿滴头按其消能原理又可分为以下几种：

A. 长流道滴头：长流道型滴头是靠水流与流道壁之间的摩擦阻力消能来调节流量大小，如塑料微管滴头、螺纹滴头和迷宫滴头等。

B. 孔口式滴头：在输水管上打孔进行灌溉是利用小的出水孔控制出水量，达到局部灌溉的目的。孔口型滴头的另一种形式是涡流型滴头。

C. 可调型滴头：可调型滴头通常带有便于人工操作的手柄或螺杆以改变孔口尺寸，达到调节流量的目的。

（2）滴灌管（带）　将滴头与毛管制造成一个整体，兼具配水和滴水功能的管（带）称为滴灌管（带）。滴灌管（带）的直径为8～40毫米，使用最多的是16毫米和20毫米两种，滴灌管厚度为0.15～2.0毫米，滴灌管厚度为1毫米以下的使用量最大。滴灌管（带）根据其所用灌水器类型也有非压力补偿式滴灌管（带）、压力补偿式滴灌管（带）两种。目前，国内外应用较广泛的滴灌管（带）主要有内镶式迷宫滴灌管和薄壁滴灌带。

①内镶式迷宫滴灌管。在毛管制造过程中，将预先制造好的滴头镶嵌在毛管内的滴灌管称为内镶式滴灌管。内镶滴头有两种，一种是片式，另一种是管式。

②薄壁滴灌带。一种厚0.1～0.6毫米的薄壁塑料带，充水时胀满管形，泄水时为带状，运输、贮藏都十分方便。目前的薄壁滴灌带有两种：一种是在0.2～1.0毫米厚的薄壁软管上按一定间距打孔，灌溉水由孔口喷出湿润土壤；另一种是在壁管的一侧热合出各种形状的流道，灌溉水通过流道以滴水的形式湿润土壤，如单侧压边迷宫滴管带。

滴灌管与薄壁滴灌带相比，寿命较长，价格较贵；按滴头相比，价格较低，寿命较短，但安装方便。薄壁滴灌带的优势在于滴头用注成型，精度高、偏差小，其管壁薄、成本低，便于运输和铺设。

152. 非灌溉季节水肥一体化系统如何维护?

在进行维护时，关闭水泵，开启与主管道相连的注肥口和驱动注肥系统的进水口，排去压力。

（1）若施肥器是注肥泵并配有塑料肥料罐　先用清水洗净肥料罐，打开罐盖晾干；再用清水冲净注肥泵，按照相关说明拆开注肥泵，取出注肥泵驱动活塞，用润滑油进行正常的润滑保养，然后拭干各部件后重新组装好。

（2）若使用注肥罐　请仔细清洗罐内残液并晾干，然后将罐体上的软管取下并用清水洗净置于罐体内保存。每年在施肥罐的顶盖及手柄螺纹处涂上防锈油，若罐体表面的金属镀层有损坏，立即清锈后重新喷涂。注意不要丢失各个连接部件。

153. 滴灌系统常见故障及排除方法有哪些?

（1）故障部位　潜水泵。

① 水泵不出水或出水不足。解决办法：清除堵塞物；调换电源线；改变电机转向；更换新的密封环、叶轮。

② 电机不能启动并有嗡嗡声。解决办法：修复和更换轴；清除异物；调整电压。

③电流过大和电流表指针摆动。解决办法：更换导轴承；修复和更换水泵轴承；更换止推轴承和推力盘。

④电机绕阻对地绝缘电阻低。解决办法：拆除旧绕阻换新绕阻；修补接头和电缆。

⑤ 机组转动剧烈震动。解决办法：打开检修。

（2）故障部位　离心泵。

①水泵不出水、水泵流量不足。解决办法：检查去除阻塞物，“调正电机方向紧固电机接线”，打开泵上盖或排气阀，排尽空气。

②杂音、振动。解决办法：焊补或更换，修整，紧固；停机清洗水泵，必要时用筛网将水泵罩住；稳固管路，提高吸入压力排

气，降低真空度。

③电机发热、功率过大。解决办法：稳压，更换叶轮；调节流量，关小出口阀门，降低吸程，更换轴承。

④水泵漏水、压力小。解决办法：检查管网、关闭超开球阀，处理漏水球阀，更换漏水毛管。

（3）故障部位　管网系统。

①压力不平衡。解决办法：通过调整出地管闸阀开关直至平衡，检查管网、反冲洗过滤器。

② 滴头流量不均匀，个别滴头流量减少。解决办法：调整系统压力，滴水前或结束时冲洗管网，排除堵塞杂质，分段检查，更换破损管道（件）。

③毛管首末端漏水。解决办法：调整压力，使毛管首端小于设计工作压力（一般为0.1兆帕）。

④毛管边缝渗水或毛管爆裂。解决办法：更换破损毛管 。

⑤系统面积有积水。解决办法：测定土质成分与流量，分析原因，缩短灌水延续时间。

⑥膜下滴灌带被阳光灼伤（有膜上黏附的小水珠形成凸透镜的效力，在强烈的阳光照射下将太阳光的能量聚焦，将滴灌带熔化烫伤产生小洞）。

预防方法：铺设滴灌带时要保持地面平整，防止土块、杂草等物将地膜托起后造成水汽在地膜内积水，形成透镜效应；铺设时可将滴灌带进行浅埋，避免焦点灼伤；铺设时，在滴灌带上或地膜上铺上一层厚1毫米左右的土层，破坏透镜的形成，避免灼伤；作物植株高度的阴影无法遮住滴灌带，日照强烈，气温较高时，发现膜内出现水珠时要及时拍打，或用消防风机轻吹地膜抖脱膜内水珠；使滴灌带尽量贴近地膜，一般滴灌带与地膜的距离在5毫米左右不会灼伤滴灌带；每次系统运行完后在滴灌带内存留一些水分；使用带彩条的地膜进行覆盖。

补救措施：将烫伤的滴灌带剪掉，直接连接一截新滴灌带，接入管线中；用塑料膜或滴灌带缠绕包扎烫伤部位。

154. 滴头流量与滴灌带布设如何相适应?

在众多滴灌设计参数中，滴头流量无疑是滴灌系统设计中重要的因素，它不仅直接决定着滴灌系统的经济效益，而且对水肥一体化中养分分布特征和作物的灌水效果也有直接的影响。

一个滴灌系统的好坏，取决于滴头滴水性能的优劣，滴头流量的选择根据土壤质地、作物生长需要的土壤湿润比、作物的需水量及作物种植模式合理选用。目前新疆大田滴灌系统常用的为薄壁边缝型单翼迷宫式滴灌带，大滴头流量为 2.50 升/小时以上，常见滴头流量有 2.60 升/小时、2.80 升/小时、3.00 升/小时、3.20 升/小时的滴灌带和 4.00 升/小时、6.00 升/小时、8.00 升/小时、10.00 升/小时及以上的滴灌（管）带；中滴头流量指 2.00～2.50 升/小时，常见滴头流量有 2.10 升/小时、2.40 升/小时；小滴头流量指 2.00 升/小时以下，常见滴头流量有 1.80 升/小时、1.38 升/小时及以下的滴灌带。

灌水器设计大致分为 4 个步骤：①根据地形与土壤条件大致挑选最能满足湿润区所需灌水器的大致类型；②挑选能满足所需要的流量、间距和其他规划考虑因素的具体灌水器；③确定所需的灌水器的平均流量和压力水头；④确定要达到理想灌水均匀度时灌溉单元小区的容许压力水头变化。

灌水器流量选择的核心依据：

①根据土壤质地选择最能满足湿润区所需灌水器的大致流量。不同的土壤质地与气候条件应选择不同的滴头流量；土壤质地越细，滴灌滴头流量就越小；土壤质地越粗，滴灌滴头流量越大。

②根据作物根系分布区选择湿润锋控制范围和滴头流量。根系分布的水平范围大、垂直范围小，如小麦等，可以选择大流量滴灌带；反之，水平范围小、垂直范围大，可以考虑大流量滴灌带。

③根据作物需水规律调整灌水器流量。需水量较大的作物，灌

水器流量适当调整增大。

④根据灌溉目的最终确定灌水器流量。我国地域广大，气候多样，不同区域进行水肥一体化的目标和意义不同，西北干旱区域，尤其是新疆，灌溉是第一位的，水肥一体化是因节水发展的水肥一体化，因此，流量选择按照根区和土壤选择即可；东南地区的林果，尤其是山地林果园，也是因为灌溉和施肥发展的水肥一体化，但是那里水分补充，因此，压力补偿和灌溉均匀度就是选择的核心；东北地区属于以施肥为核心的补充灌溉，这就需要结合出苗水的湿润锋分布特征和生育中后期的灌溉施肥目的选择流量，建议选择压力补偿式，以中小流量为主。

新疆节水滴灌种植玉米、打瓜等作物。玉米种植模式为宽窄行1管2行种植，窄行30厘米、宽行70厘米，滴灌带间距为100厘米，滴灌带铺设在两窄行作物之间，同时灌溉两行作物，湿润宽度在70厘米左右，建议选用滴头流量适中的滴灌带。新疆机采棉1管2行种植，窄行10厘米、宽行66厘米，滴灌带铺设在窄行10厘米中间，湿润宽度在50厘米左右，建议选用流量小的滴灌带。新疆部分棉花宽窄行1管4行种植，种植模式为20厘米＋40厘米＋20厘米＋60厘米，滴灌带铺设在40厘米中间，同时灌溉4行棉花、间距为140厘米，建议选用滴头流量大的滴灌带。小麦、苜蓿、旱作水稻等作物等行距1管4行播种，种植模式为15厘米＋15厘米＋15厘米＋15厘米，滴灌带铺设在4行作物中间，间距为60厘米，建议选用流量大的滴灌带。

155. 滴灌管道中“水锤”现象如何发生，如何解决？

滴灌系统水锤产生的原因：在滴灌系统的管道中，由于某种外界原因（如阀门突然关闭、开泵或者停泵过于快速、短期停水、流量调节等），使水的流速突然产生变化，特别是突然停泵造成管道内压力急剧升高与降低而引起的水锤，更易造成管道破坏等，这种水力现象被称为水击或水锤。滴灌过程爆管的主要诱因是水锤破坏力。

解决方法：

（1）启动充水期控制充水速度和管道排气是防止水锤的有效措施。

（2）运行期控制闸阀全开、全关历时可保证管道安全运行，在管道中安装自动进排气阀削弱水锤负压力，安装安全阀可削弱水锤正压力。

（3）防止停泵，水锤要做到先关阀、后停泵，在水泵出口安装缓闭止回阀。

（4）短期停水防止水泵水锤的措施是合理选择停水方式，保证停水期管道无压，重新启动再次充水、排气。

（5）在最大水锤压力情况下，设计安全装置及空气阀来防止水锤。

156. 水表及压力表安装的要求是什么？

量测设施主要指流量、压力测量仪表，用于首部枢纽和管道中的流量和压力测量。过滤器前后的压力表反映过滤器的堵塞程度。水表用来计量一段时间内管道的水流总量或灌溉水量。选用水表时，以额定流量大于或接近于设计流量为宜。控制设施一般包括各种阀门，如闸阀、球阀、蝶阀、流量与压力调节装置等，其作用是控制和调节滴灌系统的流量和压力。保护设施用来保证系统在规定压力范围内工作，消除管路中的气阻和真空等，一般有进（排）气阀、安全阀、逆止阀、泄水阀、空气阀等。

（1）安装前应清除封口和接头的油污和杂物，安装按设计要求和水流方向标记进行。

（2）检查安装的管件配件，如螺栓、止水脚垫、螺纹口等是否完好，管件及连接处不得有污物、油迹和毛刺，不得使用老化和直径不合规格的管件。

（3）截止阀与逆止阀应按流向标志安装，不得反向。

（4）压力表宜装在环形连接管上，如用直管连接，应在连接管与仪表之间安装控制阀。

（5）法兰中心线应与管件轴线重合，螺栓要紧固齐全，并能自由穿入孔内，止水胶垫不得阻挡过水断面。

（6）安装三通、球阀等螺纹件时，用生料带或塑料薄膜缠绕，确保连接牢固不漏水。

第六章　综合知识

157. 什么是测土配方施肥？

根据《测土配方施肥技术规范（2011年修订版）》的定义：测土配方施肥是以土壤测试和肥料田间试验为基础，根据作物需肥规律、土壤供肥性能和肥料效应，在合理施用有机肥料的基础上，提出氮、磷、钾及中微量元素等肥料的施用品种、数量、施肥时期和施用方法。

测土配方施肥技术的原理是以养分归还（补偿）学说、最小养分律、同等重要律、不可代替律、肥料效应报酬递减律和因子综合作用律等为理论依据，以确定每种养分的施肥总量和配比为主要内容。为了发挥肥料的最大增产效益，施肥必须将良种选用、肥水管理、种植密度、耕作制度和气候变化等影响肥效的诸因素结合，形成一套完整的施肥技术体系。

测土配方施肥应遵循的主要原则有三条：

（1）有机与无机相结合　实施测土配方施肥必须以有机肥料为基础，土壤有机质是土壤肥沃程度的重要指标。增施有机肥料可以增加土壤有机质含量，改善土壤理化性状和生物性状，提高土壤保水保肥能力，增强土壤微生物的活性，促进化肥利用率的提高。因此，必须坚持多种形式的有机肥料投入，才能够培肥地力，实现农业可持续发展。

（2）大量、中量、微量元素配合　各种营养元素的配合是配方施肥的重要内容，随着产量的不断提高，在耕地高度集约利用的情况下，必须进一步强调氮、磷、钾肥的相互配合，并补充必要的中微量元素，才能获得高产稳产。

（3）用地与养地相结合，投入与产出相平衡　要使作物—土壤一肥料形成物质和能量的良性循环，必须坚持用养结合、投入产出相平衡。破坏或消耗了土壤肥力，就意味着降低了农业再生产的能力。

158. 水肥一体化条件下测土配方应该注意什么？

（1）土壤质地和土壤结构　土壤质地是土壤物理性质之一，指土壤中不同大小直径的矿物颗粒的组合状况。土壤结构是指各土壤发生层有规律的组合、有序的排列状况，也称为土壤剖面构型，是土壤剖面最重要特征。土壤质地、土壤结构和土壤含水量是影响土壤水分入渗特性的主要因素，其中土壤质地占主导作用，决定着灌溉水转换为土壤水的速度和分布；同样，土壤质地和土壤结构也直接影响水肥一体化后养分在土壤中的分布状况。因此，测土第一步需要测土壤质地和土壤结构。

（2）土壤酸碱度和盐分状况　土壤酸碱性的强弱，常以酸碱度来衡量。土壤之所以有酸碱性，是因为在土壤中存在少量的氢离子和氢氧根离子。土壤溶液中的氢离子和氢氧根离子的构成状况形成了土壤酸碱性，当氢离子含量大于氢氧根离子时，称之为酸性；当氢氧根离子含量大于氢离子时，称之为碱性，用 pH 表示。土壤的酸碱性深刻影响着作物的生长和土壤微生物的变化，也影响着土壤物理性质和养分的有效性。水肥一体化中的肥效易受土壤 pH 的影响，在选择适宜的肥料时应充分考虑土壤 pH、肥料品种特性及施肥方法等诸多因素。

因此，为了提高水肥一体化的利用效率和选择更合适的肥料，第二步应该测土壤酸碱度，然后分析土壤的盐碱状况等。

（3）中微量元素，尤其是关键敏感的中微量元素　相对于氮、磷、钾 3 种大量元素，钙、镁、硫 3 种被列入中量元素，锌、硼、锰、钼、铜、铁、氯、镍 8 种被列入微量元素，在农业生产中上述 11 种元素通常被称为中微量元素。中微量元素大多是植物体内促进光合作用、呼吸作用以及物质转化作用等的酶或辅酶的组成部分，在植物体内非常活跃。作物缺乏任何一种中微量元素时，生长发育都会受到抑制，导致减产和品质下降，严重的甚至绝收。

正常的水肥一体化条件下，土壤中氮、磷、钾含量不再是制约作物高产的瓶颈，但生产上往往容易忽视中微量元素。因此，建议水肥一体化条件下，测土配方的第三步是测中微量元素，但不是全部中微量元素，而是与作物生长密切相关的中微量元素中的一种或者几种。

（4）水分分布特征　由于滴灌随水施肥的特点，养分也集中分布在由滴水形成的湿润体内，在土深50厘米以下养分含量显著降低；滴灌可适时适量灌溉施肥，"水分养分同时供应，少量多次，养分平衡"的施肥方式有利于提高水肥利用效率。另外，滴灌不仅对水肥分布产生影响，与普通沟灌相比，其独特的水肥供应方式和灌溉量使作物的整个养分吸收过程和运移机制表现出明显的差异。但是氮、磷、钾养分在土壤中的运移特点因土壤质地、肥料种类以及施肥策略而异。因此，建议测土配方施肥的第四步是测土壤的水分分布特征。

（5）氮、磷、钾状况分析　摸清楚上述基本情况之后，我们才应该开始氮、磷、钾层面的测土配方：首先要做到是速效氮、有效磷、速效钾测定，如果有其他需求再做全量氮、磷、钾测定。

综上所述，水肥一体化条件下测土配方的顺序应该是：第一步测质地与土壤结构；第二步测土壤酸碱度与盐分；第三步测中微量元素；第四步测水分分布；第五步测氮、磷、钾。

下面归纳一段话便于读者记忆：

按需供应氮磷钾，水肥一体是前提；
测土配方与施肥，滴灌条件大不同。
土壤质地与结构，酸碱状况与盐分；
中微量可拔千斤，水分运移定养分。
氮磷钾与有机质，先测硝态与铵态；
再做速效磷和钾，全量养分莫着急。

159. 测土配方施肥技术在水肥一体化中如何应用?

测土配方施肥是一项先进的科学技术，在生产中应用，可以实现增产增效的作用。在不增加化肥投资的前提下，调整化肥 N、P_2O_5、K_2O 的比例，起到增产增收的作用。一些经济发达地区和高产地区，由于农户缺乏科学施肥的知识和技术，往往以高肥换取高产，经济效益很低。通过测土配方施肥技术，适当减少某一肥料的用量，以取得增产或稳产的效果，实现增效的目的。对化肥用量水平很低或单一施用某种养分肥料的地区和田块，合理增加肥料用量或配施某一养分肥料，可使农作物大幅度增产，从而实现增效。

土壤养分含量的测量，对土壤的各项指标的认识和进行合理施肥都有相当大的作用。目前耕地地力评价过程中耕地养分采集与养分含量计算的主要过程如下：①将采样区域划分为若干个采样单元，每个采样单元的土壤性状要尽可能均匀一致；②大田作物平均每个采样单元为 100～200 亩，采样集中在位于每个采样单元相对中心位置的典型地块，采样地块面积为 1～10 亩，采用 GPS 定位；③采样时应沿着一定的线路，按照“随机”“等量”和“多点混合”的原则进行采样，利用采用 S 形或者“梅花”形布点采样；④每个采样点的取土深度及采样量应保持一致，土样上层与下层的比例要相同，滴灌要避开滴头湿润区；⑤测试耕地地力样品中养分含量；⑥通过加权计算法确定耕地地力综合指数。

在目前的《测土配方施肥技术规范》和《耕地地力调查与质量评价技术规程》中只提到取样过程中滴灌要避开滴头湿润区，但均未考虑滴灌施肥的独特水肥供应方式和栽培模式对整个耕地养分空间变异的影响，更没有采取有效的取样措施进行处理，往往造成对于耕地养分含量的过高或者过低估计，影响整个耕地地力评价过程。根据滴灌施肥的养分分布特征和耕地地力评价的需求，对滴灌施肥条件下收获季节耕地养分含量的计算提出以下几点思考：①根据与滴灌带的距离，分空间位点及深度取样，即选择一个滴灌施肥造成的空间变异区，然后将空间变异区根据其水肥运移特征，分为若干个区域（一般滴头左右15厘米、中间无灌溉的空地、剩余部分），如1膜1管2行30厘米+90厘米模式种植的玉米地，可以将滴灌带左右15厘米的空间划分为高养分区，两条滴灌带中间50厘米空间划分为低养分区，剩余的两侧各20厘米的相夹的空间划分为中养分区，然后在三个区域中心分层次取样。②由于目前滴灌施肥普遍采用的是线型滴灌，水肥均是按照以滴灌带为中心向两侧变化；同时作物播种也是线型播种，而且当遇到作物连作时，要避开上一个耕作季的播种行，一般播种在两条滴灌带中间50厘米的低养分区，因此在为下一个耕作季评估土壤养分提高量时，建议采用低养分区样品中的土壤养分含量进行分析。③由于滴灌施肥水肥均呈椭球形分布，因此在加权计算法确定耕地地力综合指数时，建议先按照多点位和多深度的养分含量，做垂直剖面的养分曲线分布图，然后加权计算耕层的平均土壤养分含量，最后根据各个养分的系数计算耕地地力综合指标。

因此，在水肥一体化条件下的测土配方施肥执行中，首先要考虑农田施肥状况及可能的养分分布状况，设计取样位点和取样路线；然后按照栽培模式、施肥模式等综合因素，合理分析土壤养分，计算土壤养分含量；最后选择当地或者类似区域的相近栽培模式的“3414”试验结果和需肥规律，根据作物需肥规律、土壤供肥性能和肥料效应，在合理施用有机肥料的基础上，提出氮、磷、钾及中微量元素等肥料的施用品种、数量、施肥时期和施用方法。

160. 土壤样品取样过程包括哪些步骤？

土壤样品的采集和处理是土壤分析工作的一个重要环节。采集有代表性的样品，是使测定结果如实反映其所代表的区域或地块客观情况的先决条件。原始样品即能代表分析对象的野外采集样品，其送交实验室进行分析前，需经过充分混匀；分样后的样品称为平均样品；分析样品则是将平均样品根据不同的检测项目相对应土壤颗粒大小的要求，进行磨细、风干、过筛等步骤处理而成的。分析测定时，从分析样品中称取，其结果可以代表目标土壤。取得正确分析结果的关键在于采取正确的取样方法，从而保证土壤测试数据的准确性和代表性。现对土壤样品的正确采集方法过程进行详细介绍。

（1）土壤样品采集的原则　采集土壤样品，根据分析项目的不同而采取相应的采样与处理方法，使采集的土样具有代表性和可比性，原则上应使所采土样能对所研究的问题在分析数据中得到应有的反映。采样时按照等量、随机和多点混合的原则沿着一定的线路进行。等量，即要求每一点采取土样深度要一致，采样量要一致；随机，即每一个采样点都是任意选取的，尽量排除人为因素，使采样单元内的所有点都有同等机会被采到；多点混合，是指把一个采样单元内各点所采的土样均匀混合构成一个混合样品，以提高样品的代表性。因此，在实地采样之前，要做好准备工作，包括收集土地利用现状图、采样区域土壤图、行政区划图等，制定采样工作计划，绘制样点分布图，准备好采样工具、GPS、采样标签、采样袋等。

（2）土壤采样点的确定　采样前，在待测区域的地域范围内统筹规划，参考全国第二次土壤普查采样点位图，综合土地利用现状图、采样区域土壤图和行政区划图等确定采样点位，根据土地利用、土壤类型、产量水平、耕作制度等在采样点位图的基础上进一步划分采样单元，采样单元平均面积为 6.67～13.33 公顷，且尽可能保证各个采样单元的土壤性状均匀一致。采样单元大小应根据区域地貌特征而定，在区域养分状况调查中，对于温室大棚土壤，每 30～40 个棚室采 1 个样；大田园艺、丘陵区作物 1 个样代表 2.00～5.33公顷；大田、平原区作物 1 个样代表 6.67～33.33 公顷。有条件的地区，可以农户地块为土壤采样单元，采样地块面积为 1～10 亩，将同一农户的地块中位于每个采样单元相对中心位置作为典型地块集中采样，以便于施肥分区和田间示范跟踪。采用 GPS 定位，精确至 0.1″，将经纬度准确记录下来。但是对于盐碱地改良利用中的土壤取样过程，建议充分考虑小地形特征和盐碱斑，根据区域土壤盐分特征整体划分取样单元，不一定必须按照平均取样原则。

（3）土壤样品的采集方式　不管用何种方式进行采集，每个采样点土样保持下层与上层的比例、采样质量及取土深度基本均匀一致。土铲采样操作时，应先铲出1个耕层断面，再平行于断面进行取土；取样器取土，应入土至规定的深度且方向垂直于地面；盐碱地改良利用的土壤取样过程中建议充分考虑地下水的因素，在取样深度设计时候最好能够有部分典型样点能够接触到地下水位；另外，如果采用挖土壤剖面的方式取样时，建议采用分段式取样方法，即挖一定深度剖面取一次土样，避免因破坏隔水层而出现地下水突然上升影响取土样。

（4）测定土壤物理性质的样品采集　土壤物理性质包括孔隙度、土壤容重等土壤结构方面性质的测定，应采用原状样品，可直接用环刀在各土层中取样。在取样过程中，尽量保持土壤的原状，保持土块不受挤压，避免样品变形；采样时不宜过干或过湿，注意土壤湿度，最好在经接触不变形、不黏铲时分层取样，如有受挤压变形的部分则不宜采用。土样采后要装入铁盒中保存，其他项目测定的土样根据要求装入铝盒或环刀，携带到室内进行分析测定。

（5）土壤剖面样品采集　先在选择好的剖面位置挖1个长方形土坑，规格为1.0米×1.5米或者1.0米×2.0米，土坑的深度根据具体情况确定，大多在1～2米，一般要求达到母质层或地下水位。观察面为长方形较窄向阳的一面，挖出的土不要放在观察面的上方，应置于土坑两侧。首先根据土壤发生层划分土壤剖面，利用相机等设备获取剖面信息及其图像，然后自上而下划分土层，根据土壤剖面的结构、湿度、颜色、松紧度、质地、植物根系分布等进行确定。在分层基础上，按计划项目仔细进行逐条观察并做出描述与记录，为便于分析结果时参考，应当在剖面记载簿内逐一记录剖面形态特征。观察记录完成后，按土壤发生层次采样，采集分析样品时，也是自下而上逐层进行，无须采集整个发生层，通常只对各发生土层中部位置的土壤进行采集，将采好的土样放入样品袋内，并准备好标签（注明采集地点、层次、剖面号、采样深度、土层深度、采集日期和采集人等信息），加标签同时附在样品袋的内外，一般用于研究土壤基本理化性质。

（6）耕作土壤混合样品　耕作土壤混合样品的采集，一般取耕作层0～30厘米的土壤，不需要挖剖面，深度最深达到犁底层（实际采样深度可根据当地农业机械作业深度确定），该样品可用于研究土壤耕作层中养分在植物生长期内的供求变化情况及耕层土壤盐分动态。采样点的数量可根据试验区的面积而定，目的是正确反映植物长势与土壤养分动态的关系，通常为15～20个点。可采用蛇形（S形）取样法、梅花形布点取样和对角线取样法，采样点的分布要尽量均匀，从总体上控制整个采样区。

161. 什么是土壤含水量？

土壤含水量是土壤的重要物理参数，对土壤水分及其变化的监测是农业、生态、环境、水文和水土保持等研究工作中的一个基础工作。土壤水分含量也是农业灌溉决策、管理中的最基础数据。测定土壤含水量可掌握作物对水的需要情况，对农业生产有很重要的指导意义，对实现农业精准灌溉的作用是相当明显的。土壤含水量一般是指土壤绝对含水量，即100克烘干土中含有若干克水分，也称土壤含水率。土壤含水量常用质量含水率与体积含水率表示，质量含水率是指土壤中水分的质量与相应固相物质质量的比值；体积含水率是指土壤中水分占有的体积和土壤总体积的比值。体积含水率与质量含水率两者之间可以通过土壤容重换算。土壤含水量表示方法有以下几种，为了描述的方便，以汉字的形式表示它的计算公式。

（1）以质量百分数表示土壤含水量　以土壤中所含水分质量占烘干土重的百分数表示，计算公式如下：土壤含水量（质量百分数）＝（湿土重－烘干土重）／烘干土重×100％＝水重／烘干土重×100％。

（2）以体积百分数表示土壤含水量　以土壤水分体积占单位土

壤体积的百分数表示，计算公式如下：土壤含水量（体积百分数）=水分体积/土壤体积×100%=土壤含水量（质量百分数）×土壤干容重。土壤容重是指自然结构条件下，单位体积的干土质量，单位为克/厘米^3。干土是指105～110℃的烘干土。

不同类型土壤容重参考值

土壤类型	质地	容重（克/厘米^3）	地区
黑土草甸土	沙土	1.22～1.42	华北地区
	壤土	1.03～1.39	
	壤黏土	1.19～1.34	
黄绵土垆土	沙土	0.95～1.28	黄河中游地区
	壤土	1.00～1.30	
	壤黏土	1.10～1.40	
淮北平原土壤	沙土	1.35～1.57	淮北地区
	沙壤土	1.32～1.53	
	壤土	1.20～1.52	
	壤黏土	1.18～1.55	
	黏土	1.16～1.43	
红壤	壤土	1.20～1.40	华南地区
	壤黏土	1.20～1.50	
	黏土	1.20～1.50	

（3）以水层厚度表示土壤含水量　以一定深度土层中的含水量换算成水层深度（毫米）表示，计算公式：水层厚度（毫米）=土层厚度（毫米）× 土壤含水量（体积百分数）。

（4）相对含水量　以土壤含水量换算成占田间持水量的百分数表示，即为土壤水的相对含量，计算公式：旱地土壤相对含水量（%）=土壤含水量/田间持水量×100%。

162. 什么是土壤有机质？

土壤有机质是存在于土壤中的所有含碳的有机物质，包括土壤中各种动植物残体、微生物及其分解和合成的各种有机物质，包含生命体和非生命体。

土壤有机质（SOM）由一系列存在于土壤中、组成和结构不均一、主要成分为C和N的有机化合物组成。土壤有机质的成分中既有化学结构单一、存在时间只有几分钟的单糖或多糖，也有结构复杂、存在时间可达几百到几千年的腐殖质类物质；既包括主要成分为纤维素、半纤维素的正在腐解的植物残体，也包括与土壤矿质颗粒和团聚体结合的植物残体降解产物、根系分泌物和菌丝体。

根据土壤有机质形成过程，土壤有机质主要由微生物来源物质组成，包括微生物生物量、微生物代谢产物及微生物残留物等。植物来源比例较少且在土壤中易于被所接触的微生物转化利用，经过微生物利用后又会重新分配到土壤中，不同微生物种群的碳分配过程存在差异，这与微生物生活史策略密切相关，同时也会受到外界条件变化的影响。

由于土壤有机质分组技术所采用的原理和方法不同，土壤有机质分组主要分为化学分级、物理分级和生物学分级。其中经典化学分级方法是基于有机物在碱、酸溶液中溶解度不同将其分成胡敏酸、富里酸和胡敏素。胡敏酸是可溶于碱、不溶于水和酸；富里酸是水、酸、碱都可溶；胡敏素则水、酸、碱都不溶。

土壤有机质的作用是为植物提供营养元素，是微生物生命活动的能源，对土壤各项性质有重要影响，对重金属、农药等有机、无机污染物质的行为有重要影响。此外，土壤有机质对全球碳平衡起重要作用，被认为是影响温室气体的主要因素。

163. 如何提高土壤有机质，实现藏粮于地？

进入土壤的有机物质的组成相当复杂，主要为各种植物残体，其组成和各成分的含量因植物种类、器官、年龄不同差异较大，其中，碳、氧、氢、氮占90%～95%（碳占40%）。土壤有机质由非腐殖物质和腐殖物质组成，通常占土壤有机质的90%以上（残体+微生物占10%）。腐殖物质是经过土壤微生物作用后，由多酚和多醌类物质聚合而成的含芳香环结构的、新形成的黄色至棕黑色的非晶形高分子有机化合物，是土壤有机质的主体，是最难降解的组分。

要增加土壤有机质就必须使土壤有机质积累量大于有机质降解量，使有机质转化的平衡过程向有机质含量提高的方向移动，但有机质含量提高是个缓慢过程。

(1) 增施有机肥是增加土壤有机质最有效、最直接的方法　有机肥施入土壤后，首先改善了土壤团粒结构，提高保水、保肥能力，为植物生长创造良好的土壤环境；其次，良好的结构促进土壤微生物和酶活性增强，有利于提高土壤缓冲性和抗逆性。

(2) 推广秸秆还田腐熟技术　秸秆中含有一定的氮、磷、钾等多种元素，同时富含大量的纤维素和蛋白质。因此，许多国家已将秸秆还田作为农业生产中土壤改良培肥的一项有效措施。

(3) 种植绿肥　绿肥是指所有能翻耕到土壤中作为肥料用的绿色植物。种植绿肥是利用部分闲置土地生产优质有机肥料的一种方式。在不与粮食等农作物争地，不影响粮食和主要经济作物发展的情况下，选择冬闲田、秋闲田相对比较多且当地有种植绿肥习惯的区域，集中连片示范种植绿肥。

(4) 保护性耕作　由于保护性耕作减少了对土壤的翻动，深层土壤接触空气的机会减少，残留于田间或另外覆盖于土壤之上的秸秆等有机物料的降解使得归还到土壤的有机质数量增多。

(5) 综合应用地力培肥技术　采取秸秆还田、增施有机肥、施用调理剂、种植肥田作物等两种以上技术综合集成。

164. 土壤及肥料中氮含量如何分析？

土壤氮素是土壤肥力的重要组成部分和作物氮素营养的主要来源。土壤氮素供应主要依赖于有机氮的矿化，而有机氮的矿化受植物、温度、水分等多种因素的影响，这使得土壤氮素测试方法的选择非常困难。一般有几类方法：一是生物方法（培养矿化法），二是化学方法（全氮法，碱解氮法，初始无机氮法），三是物理化学方法（电超滤法）。

具体来说，土壤中氮含量的测定方法主要有：①化学分析法（半微量凯氏法和还原蒸馏法等）；②光学分析法（紫外分光光度法、双波长分光光度法、近红外光谱法、镀铜镉还原—重氮化耦合比色法等）；③电分析化学法（离子选择电极法和毛细管电泳分析法等）；④仪器分析法（土壤肥力仪法、TOC测定仪测定全氮、凯氏定氮仪、流动分析仪等）；⑤混合法及其他（示波极谱滴定法、生物培养法、凯氏消煮—常量蒸馏—纳氏试剂光度法等）。

以NY/T1116—2014《肥料硝态氮、铵态氮、酰胺态氮含量的测定》和NY/T2542—2014《肥料总氮含量的测定》为主体，整理肥料中硝态氮、铵态氮、酰胺态氮含量的测定方法如下：

（1）总氮含量的测定

① 蒸馏后返滴定法。在碱性介质中直接蒸馏出氨或用定氮合金将硝酸根还原后直接蒸馏出氨；或者在酸性介质中还原硝酸盐成铵盐，在催化剂存在下，用浓硫酸消化，将有机态氮或酰胺态氮转化为铵盐，从碱性溶液中蒸馏出氨。将氨吸收在过量硫酸溶液中，在甲基红—亚甲基蓝混合指示剂存在下，用氢氧化钠标准滴定溶液返滴定，测定总氮含量。

对已知氮形态的样品可选择相应的制备方法，对未知氮形态的样品可直接用还原消化法。酸溶法适用于仅含铵态氮的样品；还原法适用于仅含硝态氮，或仅含硝态氮和铵态氮两种氮形态的样品；消化法适用于所有不含硝态氮的样品；还原消化法适用于经鉴定不适合上述方法和未鉴定的样品。

② 定氮仪法。在酸性介质中还原硝酸盐成铵盐；在混合催化剂存在下，用浓硫酸消化，将酰胺态氮转化为铵盐；从碱性溶液中蒸馏氨，将氨用硼酸吸收液吸收，用硫酸标准滴定溶液滴定。自动定氮仪可将蒸馏、滴定、结果显示或计算的功能合为一体，自动快速完成。

③ 燃烧分析法。肥料在高纯氧气中高温燃烧释放出氮，用氮燃烧分析仪定量测定。

（2）硝态氮含量测定

① 紫外分光光度法。用盐酸溶液从试样中提取硝酸根离子，

利用硝酸根发色团在紫外光区 210 纳米附近有明显吸收且吸收光度大小与硝酸根离子浓度成正比的特性，测定硝态氮含量。

② 氮试剂重量法。在酸性溶液中，硝酸根离子与氮试剂作用，生成复合物而沉淀，将沉淀过滤、干燥和称重。

(3) 铵态氮含量测定

①蒸馏后滴定法。在弱碱性条件下蒸馏，将氨吸收在过量硫酸溶液中，在甲基红—亚甲基蓝混合指示剂存在下，用氢氧化钠标准滴定溶液返滴定，测定铵态氮含量。

②甲醛法。在中性溶液中，按盐与甲醛作用生成六亚甲基四胺和相当于铵盐含量的酸，在指示剂存在下，用氢氧化钠标准滴定溶液滴定。

③ X 射线荧光光谱法。采用粉末压片法制备样片，测定样片的 NK_Q 谱线的 X 射线荧光强度，由校准曲线得出氮含量。

(4) 酰胺态氮含量测定

①差减法。酰胺态氮含量为总氮与硝态氮、铵态氮含量的差值。

② X 射线荧光光谱法。采用粉末压片法制备样片，测定样片的 NK_Q 谱线的 X 射线荧光强度，由校准曲线得出氮含量。

165. 土壤及肥料中磷含量如何分析?

磷是植物生长发育不可缺少的营养元素之一，自然土壤含磷量多少取决于多种因素，如土壤母质类型、有机质含量、地形部位、土壤酸碱度以及剖面中上层排列位置等。土壤全磷的测定要求把无机磷全部溶解，同时把有机磷氧化成无机磷，因此全磷的测定，第一步是样品的分解，第二步就是溶液中磷的测定。样品的溶解一般有碱溶法和酸溶法。溶液中的磷一般使用钼锑抗比色法。

土壤中的磷素大部分以迟效性状态存在，土壤中可被植物吸收的磷组分，包括全部水溶性磷、部分吸附态磷及有机态磷（有的土壤中还包括某些沉淀态磷），这些可以被植物吸收的磷统称为有效磷。在植物营养上，土壤有效磷是指土壤中对植物有效或可被植物利用的磷，当采用化学提取剂测定土壤有效磷的含量时只能提取出很少一部分植物有效磷，因此有效磷时常也称为速效磷。应用于世界各地的主要土壤有效磷测试方法有包括非化学方法 Pi 滤纸法在内的 60 余种，较常用的有：AB－DTPA 法、Bray－1 法、Bray－2 法、Citric acid 法、Egner 法、ISFEIP 法、Mehlich－1 法、Mehlich－2 法、Mehlich－3 法、Morgan 法、Olsen 法、Truog 法。AB－DTPA和 Mehlich－3 法可同时测定多种元素；Mehlich－3 法适用于无论是呈酸性还是碱性反应的较广的土壤类型；以测定酸性土壤为主的方法有 Bray－1 和 Morgan 以及修正 Morgan 法等；适合于碱性土壤的方法有 Olsen 法，Olsen 法适用于石灰性土壤。目前化学试剂从土壤中提取固相磷有 4 种反应方式：

（1）酸的溶解　酸性提取剂提供了充足的 H^+ 活性来溶解磷酸钙和一些铝磷和铁磷。其溶解度的顺序依次为：Ca-P＞Al-P＞Fe-P。

（2）阴离子置换反应　吸附于 $CaCO_3$ 和铁铝水合氧化物表面的磷可以被诸如醋酸根、柠檬酸根、乳酸根、硫酸根及碳酸氢根等其他阴离子取代，氟化物和一定的有机阴离子能和 Al 离子络合，含有这些阴离子的提取剂能置换 Al－P 化合物中的磷，重碳酸盐与可溶性的 Ca 生成 $CaCO_3$ 沉淀，致使 Ca－P 得以释放。

（3）阳离子键合磷的配位　氟离子可以有效地配位 Al 离子，以此从 Al－P 中释放磷，F 离子可以使 Ca 沉淀，并且以 $CaHPO_4$ 形态存在于土壤中的磷将被含氟离子的溶液提取。

（4）阳离子键合磷的水解　在 pH 高的情况下（提取液含有 OH^-）阳离子发生水解，氢氧根离子通过水解 Al 和 Fe 分解部分 Al－P 和 Fe－P 而提取磷。

166. 土壤及肥料中钾含量如何分析？

钾是植物生长三要素之一，土壤及肥料中钾的检测方法包括：

（1）质量法　四苯硼钠质量法测定钾，是最经典的常量钾的检测方法。该方法是在微酸性溶液中，四苯硼钠与钾离子反应，生成一种晶态的、具有一定组成、溶解度很小的白色沉淀，成功地被应用于钾的测定。一般多用于肥料检验中。

（2）容量法　四苯硼钠—季铵盐容量法测钾，是在碱性的介质溶液中，加入过量的四苯硼钠标准溶液与钾定量生成稳定的四苯硼钾沉淀，过剩的四苯硼钠同季铵盐（溴化三甲基十六烷基铵）作用形成四苯硼季铵盐沉淀，使用松节油包裹四苯硼钾沉淀，以免其在回滴时解离，过量季铵盐和达旦黄指示剂反应形成粉红色以指示终点。由于过程较复杂，目前使用较少。

（3）电位滴定法　即根据滴定过程中指示电极电位的突跃，确定滴定终点的一种电容量分析法。通常采用离子选择性电极或金属惰性电极作为指示电极。

（4）离子选择电极法　对某种特定的离子具有选择性响应，它能够将溶液中特定的离子含量转换成相应的电位，从而实现化学量—电学量的转换。

（5）离子色谱法　利用离子交换原理，在离子交换柱内快速分离各种离子，由抑制器除去淋洗液中强电解质以扣除其本底电导，再用电导检测器连续测定流出的电导值，便得到各种离子色谱峰，不同峰面积和标准相对应从而建立定量分析方法。

（6）比浊法　四苯硼钠比浊法测钾是通过 K^+ 与 $NaB(C_6H_5)_4$ 反应生成不溶性的 $KB(C_6H_5)_4$，产生的浊度在一定范围内与钾离子的浓度成正比，根据浊度可检测出样品中钾的含量。

（7）红外光谱分析法　红外光谱分析法可对产品或原材料进行分析与鉴定，确定物质的化学组成和化学结构，检查样品的纯度。

（8）火焰光度计法　样品中的原子因火焰的热能被激发处于激发态，激发态的原子不稳定，迅速回到基态，放出能量，发射出元素特有的波长辐射谱线，利用此原理进行光谱分析。多用在钾含量不高的土壤样品的测试，肥料测试较少使用。

（9）原子吸收光谱法　在待测元素特定和独有的波长下，通过测量试样所产生的原子蒸气对辐射光的吸收，来测定试样中该元素浓度的一种方法。

（10）ICP－AES 法　当氩气通过等离子体火炬时，经射频发生器所产生的交变电磁场使其电离，加速并与其他氩原子碰撞，这种连锁反应使更多的氩原子电离，形成原子、离子、电子的粒子混合气体，即等离子体。不同元素的原子在激发或电离时可发射出特征光谱，所以等离子体发射光谱可用来定性测定样品中存在的元素。

（11）X 荧光光谱法　样品受射线照射后，其中各元素原子的内壳层电子被激发、逐出原子而引起壳层电子跃迁，并发射出该元素的特征 X 射线（荧光）。每一种元素都有特征波长（或能量）的特征 X 射线，通过检测样品中特征 X 射线的波长（或能量），便可确定样品存在何种元素。

（12）测钾仪法　测钾仪测钾法是一种放射性测钾方法，基于自然界中钾的 3 种同位素 ^{39}K、^{40}K 和 ^{41}K 中，仅 ^{40}K 具有放射性。

167. 什么是土壤质地？

土壤质地是土壤物理性质之一，指土壤中不同大小直径的矿物颗粒的组合状况。土壤质地与土壤通气、保肥、保水状况及耕作的难易有密切关系；土壤质地状况是拟定土壤利用、管理和改良措施的重要依据。土壤质地状况是由沙粒、粉粒和黏粒在土壤中的数量决定的。土壤颗粒越小越接近黏粒，越大越接近沙粒。①沙粒含量高的土壤，按质地被分类为“沙土”；② 当土壤中存在少量的粉粒或黏粒时，该土壤不是“壤质沙土”就是“沙质壤土”；③主要由黏粒组成的土壤为“黏土”；④当沙粒、粉粒和黏粒在土壤中的比例相等时，该土壤称作“壤土”。按照沙粒、粉粒和黏粒的比例不同，可将土壤质地类型划分为 12 类：沙土、沙质壤土、壤土、粉沙质壤土、粉沙质黏壤土、黏壤土、粉沙质黏壤土、沙质黏壤土、壤黏土、粉沙质黏土、黏土、重黏土。具体分类标准如下：

国际制土壤质地分类标准

质地分类		各级土粒重量（%）		
类别	质地名称	黏粒（<0.002毫米）	粉沙粒（0.002～0.02毫米）	沙粒（0.02～2毫米）
沙土类	沙土及壤质沙土	0～15	0～15	85～100
壤土类	沙质壤土	0～15	0～45	55～85
	壤土	0～15	35～45	40～55
	粉沙质壤土	0～15	45～100	0～55
黏壤土类	沙质黏壤土	15～25	0～30	55～85
	黏壤土	15～25	20～45	30～55
	粉沙质黏壤土	15～25	45～85	0～40
黏土类	沙质黏土	25～45	0～20	55～75
	壤黏土	25～45	0～45	10～55
	粉沙质黏土	25～45	45～75	0～30
	黏土	45～65	0～35	0～55
	重黏土	65～100	0～35	0～35

168. 土壤质地与合理施肥之间有什么关系？

土壤质地和结构直接影响着作物能够从土壤中获得的水分与空气的数量。土壤中黏粒比沙粒更紧密地结合在一起，这意味着供空气和水占据的孔隙较少；另外，小颗粒比大颗粒具有更大的表面积，随着土壤表面积的增加，其吸附或保持水分的能力增加。因此，由于沙土孔隙空间较大，水分能够自由地从土壤中排出，故沙土的保水保肥能力差；黏土吸附相对大量的水分，且黏土的小孔隙能够克服重力而保持水分，黏土保水保肥能力强。然而黏土比沙土保持的水分更紧固，这意味着其中的无效水分较多。

在地面灌溉条件下，无论漫灌还是滴灌，可供作物吸收利用的土壤水均依赖灌溉水通过地表进入土壤的一维垂直入渗过程进行补给。而土壤质地、土壤结构和土壤含水量是影响土壤水分入渗特性的主要因素，其中土壤质地占主导作用，决定着灌溉水转换为土壤水的速度和分布，进而影响农业灌溉的灌水质量和灌水效果，是各种地面灌水方法中确定灌水技术参数必不可少的重要依据。在相同滴头流量和灌水量条件下，随着土壤种类的不同（或土壤黏性的增加），湿润体的几何尺寸逐渐变小。重壤土湿润体宽而浅，沙壤土湿润体窄而深，而且湿润体内含水率分布不相同。土壤种类不同，湿润锋水平和垂直运移过程的变化相反。随着土壤黏性的增加，湿润锋水平运移距离依次增加，而垂直运移距离则减小。滴头流量和灌水量相同时，偏沙性土壤水平方向湿润距离小于垂直方向湿润距离；质地较细的土壤水平方向和垂直方向湿润距离接近。因此，在水肥一体化中为了实现水、肥、根三者的统一，应当根据土壤质地选择滴头流量和喷灌速度，防止形成地面径流，同时构造与作物根系分布相一致的水肥分布区。

另外，在水分入渗过程中盐分的运移主要靠重力水的作用，重力水的运动速度和流量主要受土壤的透水性及土壤排水条件影响，而不同质地的土壤就决定了土壤的透水性。在冻融过程中由于不同质地土壤的孔隙状况不同，土壤剖面的水分运动速度及流量不同，在冻结过程中，下层土体及地下水中的盐分向上运移的数量就不同，在相同的地下水位情况下，沙壤土剖面的地下水消耗量为黏土的2～4倍，沙壤土冻层中盐分的增量约为黏土的2倍。

169. 什么是土壤酸碱性？

土壤中存在着各种化学和生物化学反应，表现出不同的酸性或碱性。土壤酸碱性的强弱，常以酸碱度来衡量。土壤之所以有酸碱性，是因为在土壤中存在少量的氢离子和氢氧根离子。土壤溶液中的氢离子和氢氧根离子的构成状况形成了土壤酸碱性，当氢离子含量大于氢氧根离子时，称之为酸性；当氢氧根离子含量大于氢离子时，称之为碱性，用pH表示。土壤的酸碱性深刻影响着作物的生长和土壤微生物的变化，也影响着土壤物理性质和养分的有效性。

我国土壤酸碱性分为七级：强酸性（<4.5）、酸性（4.5 ～ 5.5）、弱酸性（5.5～ 6.5）、中性（6.5～7.5）、弱碱性（7.5～8.5）、碱性（8.5～9.5）、强碱性（>9.5）

土壤酸碱性形成机理：

（1）土壤酸性　根据 H^+ 和 Al^{3+} 的存在方式不同，分为活性酸和潜性酸两种。活性酸指土壤溶液中的 H^+ 所表现的酸度（即pH），包括土壤中的无机酸、水溶性有机酸、水溶性铝盐等解离出的所有 H^+ 总和。潜性酸指土壤胶体上吸附态的 H^+ 和 Al^{3+} 所能表现的酸度。活性酸与潜性酸在同一平衡体系中，两种不同的酸度形态可以互相转化。活性酸是土壤酸度的强度指标，潜性酸是土壤酸度的容量指标。潜性酸数量上比活性酸大几千到几万倍。

（2）土壤碱性　形成碱性反应的主要机理是碱性物质水解反应产生的 OH^-，土壤碱性物质包括钙、镁、钠的碳酸盐和重碳酸盐，以及胶体表面吸附的交换性钠。

170. 土壤酸碱与水肥一体化之间有什么关系？

土壤酸碱性对作物养分及肥料有效性的影响主要包括以下几方面：

（1）降低土壤养分的有效性，氮在 pH6～8 时有效性较高，<6 时固氮菌活动降低，>8 时硝化作用受到抑制；磷在 pH6.5～7.5 时有效性较高，<6.5 时易形成迟效态的磷酸铁、磷酸铝，有效性降低，>7.5 时则易形成磷酸二氢钙。

（2）酸性土壤淋溶作用强烈，钾、钙、镁容易流失，导致这些元素缺乏；在 pH >8.5 时，土壤钠离子增加，钙、镁离子被取代形成碳酸盐沉淀，因此钙、镁的有效性在 pH 6～8 时最好。

（3）铁、锰、铜、锌、钴五种微量元素在酸性土壤中因可溶而有效性高；钼酸盐不溶于酸而溶于碱，在酸性土壤中易缺乏；硼酸盐在 pH 5～7.5 时有效性较好。

（4）强酸性或强碱性土壤中 H^+ 或 Na^+ 较多，缺少 Ca^{2+}，难以形成良好的土壤结构，不利于作物生长。

（5）土壤微生物最适宜的 pH 是 6.5～7.5 的中性范围，过酸或过碱都会严重抑制土壤微生物的活动，从而影响氮素及其他养分的转化和供应。

（6）一般作物在中性或近中性土壤生长最适宜，但某些作物如甜菜、紫苜蓿、红三叶不适宜酸性土；茶叶则要求强酸性和酸性土，中性土壤不适宜生长。

（7）易产生毒害物质，土壤过酸容易产生游离态的 Al^{3+} 和有机酸；碱性土壤中可溶盐分达一定数量后，会直接影响作物的发芽和正常生长，含碳酸钠较多的碱化土壤，对作物的毒害作用更大。

水肥一体化中的肥效易受土壤 pH 的影响，在选择适宜的肥料时应充分考虑土壤 pH、肥料品种特性及施肥方法等诸多因素。

（1）应选择不会引起灌溉水及土壤 pH 剧烈变化的肥料品种。常用于水肥一体化的固体肥料有尿素、硝酸铵、硫酸铵、硝酸钙、硝酸钾、磷酸、磷酸二氢钾、磷酸一铵（工业）、氯化钾、硫酸钾、硫酸镁、螯合态微肥等。

（2）酸性土壤上宜选用碱性或生理碱性肥料，如硝酸钙等；碱性土壤中，尤其是石灰性土壤，宜选择硫酸铵等酸性和生理酸性肥料，提高土壤酸度，使磷不易与钙结合生成难溶的磷酸钙盐类而降低磷的有效性，也可提高硼、锰、钼、锌、铁、铜的有效性。

（3）盐碱地 pH 偏高，磷的利用率低，有效性差，在施肥上应增施水溶性磷肥。反之，长期在酸性土壤上单独施用酸性肥料，会使土壤酸化、板结化和贫瘠化；而在石灰性或碱性土壤上，偏施碱性或生理碱性肥料，会造成土壤次生盐碱化、结构恶化和肥力退化。

171. 什么是绿肥？

绿肥指以新鲜绿色植物体为肥源的一种有机肥。栽培的绿肥作物多属豆科，含有多种营养成分和大量有机质。施用绿肥是把用地和养地结合起来的一项有效措施，具有省工时、成本低的优点。有的绿肥作物还可兼作饲料和蜜源植物。我国利用绿肥的历史悠久。

我国南方雨水多、温度高，绿肥作物生长期长，绿肥耕翻后腐烂较快，经济效果好，故种植较为普遍。一般采用间作、套种、混播方式种植。在北方，也常采用间作、套种等方式或利用荒坡瘠地种植绿肥作物。

绿肥从不同角度出发可划分出不同类型：

（1）按来源划分　分为野生绿肥和栽培绿肥。

（2）按植物学科划分　分为豆科绿肥和非豆科绿肥，豆科绿肥有草本植物，也有木本植物，后者主要利用叶片和嫩枝。

（3）按生长季节划分　分为冬季绿肥、夏季绿肥、春季绿肥和秋季绿肥。冬季绿肥多为秋季或初冬播种，翌年春季或夏季利用，有一半以上生长期在冬季度过，如紫云英、金花菜、苕子等。夏季绿肥多为春季或夏季播种，到初秋利用，有一半以上生长期在夏季，如柽麻、田菁、绿豆等。春季绿肥为早春播种，仲夏前利用，有一半以上生长期在春季，如麦田套种草木樨等。秋季绿肥为夏季和早春播种，冬前翻压利用，生长期主要在秋季，如秋播的柽麻、豇豆等。

（4）按生长周期划分　分为一年生绿肥、越年生绿肥和多年生绿肥。如绿豆、田菁、紫云英、苕子等为一年生或越年生绿肥；紫花苜蓿、紫穗槐、胡枝子、沙打旺、葛藤和蝴蝶豆等为多年生绿肥。

（5）按绿肥的施用对象划分　分为稻田绿肥，棉田绿肥，麦田绿肥，果园、茶园、桑园绿肥及热带经济林木绿肥。

（6）按生长环境划分　分为旱生绿肥和水生绿肥。旱生绿肥主要指种植在陆地上的绿肥；水生绿肥指生长在水中的绿肥，如红萍、水葫芦、水花生、水浮莲等。

172. 什么是有益元素?

植物体内所含对植物生长有促进作用但并非植物所必需（或者只是某些植物所必需并非所有植物所必需）的某些元素，包括钠、硅、钴、钒等。钠是耐盐植物所必需的营养元素，而对大多数高等植物而言，钠积累过多会产生毒害作用。如甜菜根吸收的 Na^+ 很容易运输到地上部，它可在渗透调节等方面代替 K^+ 的作用。当 K^+ 不足时，Na^+ 可取代大量的 K^+，并促进细胞伸长，增大叶面积，使植株能吸收利用更多的光能。硅是稻、麦等禾本科植物所必需的营养元素，硅沉积在茎、叶的表皮层内，可增强植株抗病虫害能力，使茎秆坚韧，叶片较直立，群体能截获更多光能，又能防止倒伏；硅还可阻止锰过多的毒害。钴为豆科植物根瘤菌固氮所必需。钒广泛存在于微生物、动物和植物体中，它和钴一样能增强固氮微生物的固氮能力，在缺钒的土壤中施钒能改善进豆科植物生长状况。

第七章　典型作物水肥一体化技术模式

模式1　滴灌棉花水肥一体化技术模式

一、适用范围

本规程适用于新疆棉花膜下滴灌水肥一体化的灌溉与施肥管理。

二、主要技术

1. 品种选择

根据新疆各地区的气候和土壤条件等，选择生育期适宜（北疆120天、南疆130天）、丰产潜力大、抗逆性强的品种。棉种纯度达到97%以上，净度99%以上，棉种发芽率93%以上，健籽率95%以上，含水率12%以下，破碎率3%以下。机采棉优先选择第一果枝节位较高、对脱叶剂敏感、吐絮集中的品种。

2. 播前整地和化学除草

播前整地，包括耕、耙、压。做到表土疏松，上虚下实，土地平整，无残茬，耙前每亩用33%二甲戊灵150～200毫升，兑水15～20千克表土喷雾化学除草。

3. 播种要求

开春后5厘米表土层地温连续3天稳定在12℃，且离终霜期≤7天时即可开播。播深1.5～2.5厘米，覆土宽度5～7厘米、厚度0.5～1厘米。要求播行要直，镇压严实，一穴一粒，精量播种。

4. 滴灌管网布置

（1）滴灌系统布置要求干、支、毛三级管道相互垂直，使管道长度和水头损失最小。干管长度 1 000 米左右，支管垂直于种植方向，长度 90～120 米，间距 130～150 米；毛管直接连接于支管上。

（2）毛管铺设平行于棉花种植方向，设置于窄行中间。毛管布设长度一般在 50～100 米，可采用单翼迷宫式、内镶式滴灌带（管）。根据不同的土壤质地选择滴灌带，流量为 1.8～2.8 升/小时。

5. 生育期进程

播种期（4 月中旬至 4 月下旬），苗期—蕾期（5 月上旬至 6 月上旬），蕾期—初花期（6 月上旬至 6 月下旬），初花期—盛花期（7 月上旬至 7 月中旬），盛花期—结铃期（7 月下旬至 8 月上旬），盛铃期—吐絮期（8 月上旬至 8 月下旬），吐絮期（8 月上旬）。

6. 栽培模式

采用宽膜标准机采棉模式，每幅膜上播 6 行，行距 10 厘米＋66 厘米＋10 厘米＋66 厘米＋10 厘米，株距9～11厘米，每亩理论播种株数 1.7 万株，每亩收获株数 1.1 万～1.2 万株，目标产量 350～400 千克籽棉。

三、灌溉制度

根据土壤墒情和棉田长势灌溉，滴水周期 7 天，每次滴水 20～30米^3/亩，滴水标准：膜下全部湿润，湿润深度 60 厘米。苗期土壤水分下限控制在田间持水量的 50%～70%，蕾期 60%～80%，花铃期 65%～85%，吐絮期 55%～75%。

1. 播种至出苗期

播种期在 4 月上中旬，干播湿出，根据天气情况适时滴水出苗，灌水定额 10～15 米^3/亩。

2. 苗期至蕾期

4 月中下旬至 6 月上中旬以蹲苗为主，现行后适时中耕一次，提升地温、中耕除草。

3. 蕾期至初花期

6 月上中旬至 7 月上旬，灌水总量为 70～90 米^3/亩，滴水 3 次，灌水周期 8～10 天，灌水定额为 25～30 米^3/亩。

4. 盛花期至盛铃期

7月中旬至8月上旬，灌水总量为150～180米^3/亩，通常滴水5次，灌水周期7～8天，灌水定额为30～35米^3/亩。

5. 盛铃期—吐絮期

8月中旬至8月下旬，灌水总量为45～55米^3/亩，通常滴水2次，灌水周期8～10天，灌水定额为20～25米^3/亩。

棉花水肥一体化灌溉方案

生育时期	灌水时间（月．日）	灌水量（米^3/亩）	次数
出苗水	04.10	10	1
蕾期—初花	06.15	25	1
	06.25	25	1
初花—盛花	07.05	25	1
	07.12	30	1
盛花—盛铃	07.19	30	1
	07.26	30	1
	08.03	30	1
盛铃—吐絮	08.10	30	1
	08.17	25	1
	08.25	20	1
吐絮	09.10		1
合计		280	11

四、施肥制度

根据棉花需肥规律、土壤肥力、目标产量、生长状况等要素来确定棉田施肥量、施肥时期和养分配比等施肥方法。坚持少量多次、蕾期稳施、花铃重施的原则，全生育期随水施肥8～10次，并补充中量及锌、硼、锰等微量元素。

1. 土壤肥力等级确定

棉田土壤肥力等级按照土壤碱解氮、有效磷及速效钾等含量确定。

土壤肥力分级

土壤肥力等级	高肥力	中肥力	低肥力
碱解氮（毫克/千克）	＞100	40～100	＜40
有效磷（毫克/千克）	＞20	6～20	＜6
速效钾（毫克/千克）	＞180	90～180	＜90

2. 施肥量推荐

根据土壤肥力高低进行施肥量推荐。

棉花水肥一体化氮、磷、钾施肥量推荐（千克/亩）

肥力等级		高	中	低
推荐施肥量	N	16～18	18～20	20～22
	P_2O_5	6.0～7.0	7.0～8.0	8.0～9.0
	K_2O	2.0～3.0	3.0～4.0	4.0～5.0
$N:P_2O_5:K_2O$		1：（0.30～0.40）：（0.15～0.25）		
目标产量（籽棉）		350～450		

3. 施肥方法

结合目标产量、土壤肥力等级及棉花长势确定棉田施肥量，与灌水统筹同步进行水肥一体化施肥。

棉花水肥一体化优化施肥方案

施肥比例	蕾期—初花		初花—盛花		盛花—盛铃			盛铃—吐絮			吐絮	合计
灌水时间（月．日）	06.15	06.25	07.05	07.12	07.19	07.26	08.03	08.10	08.17	08.25	09.10	
氮肥（%）	5	10	15	15	15	15	10	10	5			100
磷肥（%）	5	5	10	15	15	15	15	15	5			100

（续）

施肥比例	蕾期—初花		初花—盛花		盛花—盛铃			盛铃—吐絮			吐絮	合计
灌水时间（月．日）	06.15	06.25	07.05	07.12	07.19	07.26	08.03	08.10	08.17	08.25	09.10	
钾肥（%）	0	0	10	10	10	10	20	20	20			100
次数	1	1	1	1	1	1	1	1	1			9

五、配套管理

1. 苗期管理

出苗后及时查苗、放苗、封孔。第 2 片至第 3 片真叶展开时，缩节胺敏感型品种每亩用缩节胺 0.3～0.5 克兑水喷雾；缩节胺不敏感型，每亩用缩节胺 4～5 克。4～5 片真叶时，缩节胺敏感型品种，每亩用缩节胺 0.5～1.0 克；缩节胺不敏感型品种，每亩用缩节胺 4～5 克。控制棉苗长势，促进棉苗根系下扎和早现蕾。同时，喷施 25%吡虫啉 1 000 倍液防治棉蓟马。

2. 蕾期管理

缩节胺敏感型，盛蕾期每亩用缩节胺 2～3 克、初花期每亩用缩节胺 3～5 克；缩节胺不敏感型，盛蕾期每亩用缩节胺 4～5 克、初花期每亩用缩节胺 5～6 克进行化学调控。同时，每亩喷施 1.8%阿维菌素 20～30 克＋2.5%氯氟氰菊酯＋3%啶虫脒可湿性粉剂 40～50 毫升，防治棉叶螨、棉铃虫、蚜虫等病虫害。

3. 花铃期管理

在果枝台数达到 8～10 台时应立即打顶。北疆 7 月上旬、南疆 7 月中旬打顶完成。打顶做到"一叶一心"，漏打率控制在 2%内。打顶后 7～10 天内化学封顶，缩节胺敏感型每亩用缩节胺 8～10 克，缩节胺不敏感型每亩用缩节胺 10～15 克，长势过旺棉田，追控一次间隔 10 天。同时，每亩喷施 30%噻虫嗪 20～30 克＋1.8%阿维菌素 30～40 克，防治后期可能发生的棉叶螨、棉铃虫、蚜虫等病虫害。

六、收获

1. 喷施催熟剂和脱叶剂

一般在9月上旬，在棉花自然吐絮率达到50%以上，且连续7～10天内平均温度稳定在18～20℃，喷洒54%噻苯隆·敌草隆12～15克/亩和40%乙烯利20～40克/亩进行脱叶与催熟，喷施2次，间隔7～10天。喷药时应雾化良好，棉叶均能接受到雾滴。

2. 及时采收

脱叶率达到90%以上，吐絮率达到95%以上时即可机械采收。

3. 设备回收

及时回收滴灌设备、滴灌带（管）等，并将滴灌设备中的干管和支管拆卸、编号、清洗、分类、入库，以备下一年使用。

4. 地膜回收和秸秆还田

依据《新疆维吾尔自治区农田地膜管理条例》及时回收残留地膜；秸秆粉碎还田后深翻犁地，深度25～30厘米。

模式2　滴灌小麦水肥一体化技术模式

一、适用范围

本规程适用于新疆北疆区域膜下滴灌小麦的日常水肥管理。

二、主要技术指标

1. 品种选择

结合北疆地区各地小麦的生态类型，合理选择具有亩产量达到500～600千克的能力，抗逆性强，抗寒力中等以上，抗旱、抗病性强，综合性好的品种。品质达到面粉加工企业等级粉的要求，如新冬18、新冬22、新春37等。

2. 选地与轮作

选择地势平坦、土层深厚，具有中等以上肥力地块，即耕层土壤含有机质12克/千克、碱解氮60～80毫克/千克、有效磷8～10

毫克/千克、速效钾 150～200 毫克/千克。要合理轮作倒茬，重茬不超过 3 年。

3. 播前整地

达到犁条直、垡块松碎、扣茬严密，地头地边犁到，地面平整，播种前要精细耙耱整地，整地质量达到齐、平、松、碎、净、墒六字标准。

4. 滴灌系统布置及管理

毛管布置采用按照设计压力运行，严格按照滴灌系统设计的轮灌方式灌水，当一个轮灌小区灌溉结束后，先开启下一个轮灌组，再关闭当前轮灌组，谨记先开后关，严禁先关后开，以保证系统正常工作。

播种前将播种机械改装，采用一条龙作业，随播种随铺毛管，毛管铺设在土壤 1～2 厘米深处。铺管方式为：沙壤土，播种采用 1 管 6 行，3.6 米播幅，播 24 行小麦，铺设 4 条毛管，小麦行距 12.5 厘米，铺设毛管位置小麦行距为 20 厘米。壤土或黏土地，3.6 米播幅，播 24 行小麦，铺设 5 条毛管，毛管位于行中间，1 管滴 5 行小麦。

5. 栽培模式及群体指标

(1) 冬小麦主要技术指标　产量目标：500～550 千克/亩。群体结构：冬小麦早熟品种，有效穗数 38 万～43 万/亩，穗粒数 30～33粒，千粒重 43～48 克，基本苗 25 万～30 万/亩，冬前最高总茎数 75 万～80 万/亩。冬小麦中晚熟品种，有效穗数 37 万～41 万/亩，穗粒数 33～35 粒，千粒重 41～46 克，基本苗 22 万～25 万/亩，冬前最高总茎数 70 万～75 万/亩。

(2) 春小麦主要技术指标　产量目标：500～550 千克/亩。群体结构：高产品种基本苗 32 万～36 万/亩，最高总茎数 75 万～80万/亩，成穗数 36 万～40 万/亩，穗粒数 35 粒以上，千粒重 40 克以上。

(3) 栽培模式　采用 24 行谷物播种机进行等行距 15 厘米条播，不同品种小麦播种量要根据分蘖成穗特性、播种、种子质量、土壤地力等统筹，建议不超过 30 千克/亩。

三、灌溉制度

在新疆北疆区域，亩产小麦籽粒 500 千克，膜下滴灌条件下，冬小麦全生育期一般灌水 8 次（包括滴出苗水），总灌溉定额 280～310米^3/亩，随水施肥 5 次。春小麦全生育期一般灌水 7 次（包括滴出苗水），总灌溉定额 280～310 米^3/亩，随水施肥 5 次。低肥力区，氮肥（N）推荐施用量为 17～19 千克/亩，磷肥（P_2O_5）为 7～8 千克/亩，钾肥（K_2O）为 3～4 千克/亩。中等肥力区，氮肥（N）推荐施用量为 15～17 千克/亩，磷肥（P_2O_5）为 6～7 千克/亩，钾肥（K_2O）为 2～3 千克/亩。高肥力区，氮肥（N）推荐施用量为 13～15 千克/亩，磷肥（P_2O_5）为 5～6 千克/亩，钾肥（K_2O）为 1～2 千克/亩。氮、磷、钾肥（纯量）施用比例范围为 1∶（0.35～0.45）∶（0.10～0.20）。水肥一体化肥料应符合 NY/T 1110—2010《水溶肥料汞、砷、镉、铅、铬的环境要求》和 HG/T4365—2012《水溶性肥料》的规定。

四、施肥方案

1. 滴灌冬小麦水肥一体化技术规程

（1）滴水出苗　一般冬麦 9 月下旬播种，采用干播湿出，根据天气情况适时滴出苗水，灌水定额 15～20 米^3/亩，随水施肥一次，施用氮肥（N）1.0 千克/亩、磷肥（P_2O_5）0.5 千克/亩。

（2）分蘖—越冬期　10 月下旬至翌年 3 月根据土壤墒情和小麦长势适时灌水。灌水定额 28～30 米^3/亩，随水施用氮肥（N）2.25～2.55 千克/亩、磷肥（P_2O_5）0.5 千克/亩。

（3）返青—拔节期　3 月下旬至 4 月下旬一般灌水 2 次，灌水定额 35～37 米^3/亩，随水施肥一次，施用氮肥（N）3.75～4.25 千克/亩、磷肥（P_2O_5）1.2～1.4 千克/亩、钾肥（K_2O）0.7 千克/亩。

（4）拔节—开花期　5 月上中旬至 5 月下旬灌水 3 次，每次灌水定额 37～40 米^3/亩，随水施用氮肥 2 次、磷肥和钾肥各一次，每次施用氮肥（N）3.0～4.0千克/亩、磷肥（P_2O_5）1.2～1.4千克/亩、钾肥（K_2O）0.7千克/亩。

（5）开花—成熟期　6月上旬至7月上旬灌水3次，每次灌水定额35～40米^3/亩，随水施肥一次，施用氮肥（N）3.0～4.0千克/亩、磷肥（P_2O_5）1.5～2.0千克/亩、钾肥（K_2O）0.7千克/亩。

2. 滴灌春小麦水肥一体化技术规程

（1）出苗—拔节期　一般春小麦4月中下旬播种，采用干播湿出，根据天气情况适时滴出苗水，灌水2次，灌水定额35～40米^3/亩，随水施肥一次，施用氮肥（N）1.0千克/亩、磷肥（P_2O_5）0.5千克/亩。

（2）拔节—开花期　5月上旬至5月下旬灌水3次，每次灌水定额37～40米^3/亩，随水施用氮肥2次，磷肥和钾肥各一次，每次施用氮肥（N）3.0～4.0千克/亩、磷肥（P_2O_5）1.2～1.4千克/亩、钾肥（K_2O）0.7千克/亩。

（3）开花—成熟期　6月上旬至7月上旬灌水2次，每次灌水定额35～40米^3/亩，随水施肥一次，施用氮肥（N）3.0～4.0千克/亩、磷肥（P_2O_5）1.5～2.0千克/亩、钾肥（K_2O）0.7千克/亩。

滴灌冬小麦生长期水肥一体化优化配置比例

生育阶段		基肥	分蘖—越冬	返青—拔节	拔节—开花	开花—成熟	全生育期
水分	分配比例（%）		10	25	40	25	100
	参考灌水量（米^3/亩）		28～30	70～75	112～120	70～75	280～300
	灌水次数		1	2	3	2	8
氮肥	壤土分配比例（%）		15	25	40	20	100
	随水施肥次数		1	1	2	1	5
磷肥	壤土分配比例（%）	30		20	25	25	100
	随水施肥次数			1	1	1	3

（续）

生育阶段		基肥	分蘖—越冬	返青—拔节	拔节—开花	开花—成熟	全生育期
钾肥	壤土分配比例（%）			35	35	30	100
	随水施肥次数			1	1	1	3

滴灌春小麦生长期水肥一体化优化配置比例

生育阶段		基肥	出苗—拔节	拔节—开花	开花—成熟	全生育期
水分	分配比例（%）		25	50	25	100
	参考灌水量（$米^3$/亩）		70～75	140～150	70～75	280～300
	灌水次数		2	3	2	7
氮肥	壤土分配比例（%）		25	55	20	100
	随水施肥次数		1	2	1	4
磷肥	壤土分配比例（%）	20	20	30	30	100
	随水施肥次数		1	1	1	3
钾肥	壤土分配比例（%）	0	35	35	30	100
	随水施肥次数		1	1	1	3

五、配套栽培措施

1. 化除防控

滴灌小麦灌水条件改善，水肥充足，生长较旺盛，实现高产高效要做好防倒伏工作。在适当降低播种量、控制水肥的同时，在冬小麦起身期，喷施矮壮素 250 克/亩。

2. 防除麦田杂草

麦田恶性杂草主要是野燕麦、狗尾草等禾本科杂草及灰藜、田旋花等双子叶杂草。防除杂草主要实行农业措施和人工拔除，特别严重的地块进行化学除草。防除野燕麦草、狗尾草每亩用 6.9%骠马乳油 40～50 毫升兑水 30 千克，在燕麦草 3～5 叶期喷施。双子叶（阔叶）杂草防除，每亩用 20%使它隆乳油 50 毫升兑水 30 千克，在小麦3～4叶期喷施。

3. 综合防治病虫害

小麦病虫害的防治以农业措施和生物防治为主，通过选用抗病品种、轮作倒茬，深耕晒垡、控制群体，改善田间通风透光条件，限制浇水过多等措施控制病虫害的发生危害。由于滴灌条件下水肥协调，小麦群体大，田间通风条件较差，有利于病害的发生。小麦常发病有散黑穗病、腥黑穗病、白粉病、锈病等。小麦黑穗病用3%敌萎丹进行种子处理。小麦白粉病、小麦锈病一般年份不防治，个别重病地块病情指数达到20%～30%时，每亩用25%粉锈宁乳油50克兑水30千克，在发病初期喷施一次，锈病严重地块小麦扬花后期再喷施一次。

4. 及时收获，防止雨淋，保证品质，提高效益

小麦蜡熟中后期即为收获适期，收获后产量高、品质好。机械收割应当在蜡熟后期，籽粒变硬、茎穗干枯后进行。对落粒性强、口较松的品种，收获期应当提前。

模式3　滴灌玉米水肥一体化技术模式

一、适用范围

本规程适用于北疆地区滴灌玉米种植的水肥管理。

二、主要技术指标

1. 品种选择

根据气候和栽培条件，选择高产、优质、抗性强的耐密型优良品种。同时，要求株型紧凑，穗位上各叶片上冲，穗位以下叶片平整，茎节间粗短，以利于密植。

新疆天山以北——准噶尔盆地南缘的带状区域可选用郑单958、先玉335、KWS3564等。

2. 选地与轮作

前茬以绿肥翻耕地、休闲地为上，麦类、棉花以及瘠薄地、保

肥保水性能差的沙土地次之（pH<8.5，总盐量<0.2%）

3. 播前整地

选择土层深厚、肥力中等以上地块，清除前茬作物根茬，合墒耕翻，深度以20～30厘米为宜，耕后及时耙耱、整地。

杂草危害严重的地块，每亩用50%禾耐斯乳剂或金都尔500～800倍液进行地面机械喷洒并用钉齿耙配耱对角耙耱两遍，耙深4～5厘米，不重不漏，使药液与地表土壤均匀混合，可有效防治单子叶杂草和兼除阔叶杂草。

4. 滴灌系统布置及管理

按照设计运行压力布置毛管。严格按照滴灌系统设计的轮灌方式灌水，当一个轮灌小区灌溉结束后，先开启下一个轮灌组，再关闭当前轮灌组，谨记先开后关，严禁先关后开，以保证系统正常工作。

在北疆区域，亩产玉米籽粒1 000～1 100千克，膜下滴灌条件下，玉米全生育期一般灌水10次（包括滴出苗水），总灌溉定额310～340米^3/亩，随水施肥9次。中等肥力土壤，氮肥（N）推荐施用量一般为18～20千克/亩，磷肥（P_2O_5）为7～8千克/亩，钾肥（K_2O）为3～4千克/亩。氮、磷、钾肥（纯量）施用比例范围为1∶（0.38～0.48）∶（0.15～0.25）。

5. 栽培模式及群体指标

2行1管宽窄行种植，宽行90厘米，窄行30厘米，株距依密度确定。建议播种密度7 000～8 500株/亩。

三、灌溉制度

1. 播种与出苗水灌溉

玉米采用不等行进行播种，宽行宽度为60～90厘米，窄行宽度为20～40厘米；窄行中间用于铺设滴灌带，根据土壤质地选择滴管带的滴头流量；播种完成后，避开天气过程后进行统一滴出苗水，灌水量以湿润锋超过玉米播种行12～18厘米为宜，每亩滴水量不少于13米^{3}也不高于25米^3。

2. 出苗后第一水的灌溉与调控

尽量延迟第一水灌溉时间，直至玉米幼株上部叶片卷起；根据土壤墒情每亩滴水 30～35 米^3。

3. 生育中期肥料施用与灌溉调控

在小喇叭口期至抽穗期，通过滴灌保持土壤含水量在田间最大持水量的 70%～80%，每亩用水量控制在 120～150 米^3。

4. 生育中后期肥料施用与灌溉调控

在开花期至乳熟期，通过滴灌保持土壤含水量在田间最大持水量的 80%～90%，每亩用水量控制在 110～130 米^3。

5. 收获前的水肥管理

蜡熟期土壤含水量保持在田间最大持水量的 60%～70%，每亩用水量控制在 30 米^3 以下；完熟期以后土壤含水量控制在田间最大持水量的 65%以下。

6. 灌溉制度表

新疆天山北坡经济带滴灌玉米适宜灌溉制度如下。

玉米灌溉制度（米^3/亩）

生育期	出苗前	拔节	小喇叭	大喇叭	抽雄	开花—吐丝	籽粒建成	乳熟
特征	播种后	第6叶完全展开，雄穗生长锥开始伸长	雌穗进入伸长期，雄穗进入小花分化期	植株可见叶与展开叶之间的差数达5，并且上部叶片呈现大喇叭口形的日期	吐丝前雄穗的最后一个分枝可见	植株雄穗开始散粉到花丝露出苞叶	植株果穗中部籽粒体积基本建成，胚乳呈清浆状	植株果穗中部籽粒干重迅速增加并基本建成
时间段	4月20日至5月1日	6月10～20日	6月21日至7月1日	7月5～15日	7月20～31日	8月1～10日	8月15～20日	8月21日至9月1日
灌水量（米^3/亩）	18	36	54	54	54	54	54	36

四、施肥方案

全生育期随水施肥 6 次。具体施肥时期如下表所示，可以根据土壤肥力条件和玉米生长状况，适当调整施肥总量和时期，适当添加中微量元素肥料。

玉米各次追肥比例

生育期		出苗前	拔节	小喇叭	大喇叭	抽雄	开花—吐丝	籽粒建成	乳熟
特征		播种后	第 6 叶完全展开，雄穗生长锥开始伸长	雌穗进入伸长期，雄穗进入小花分化期	植株可见叶与展开叶之间的差数达 5，并且上部叶片呈现大喇叭口形的日期	吐丝前雄穗的最后一个分枝可见	植株雄穗开始散粉到花丝露出苞叶	植株果穗中部籽粒体积基本建成，胚乳呈清浆状	植株果穗中部籽粒干重迅速增加并基本建成
时间段		4 月 20 日至 5 月 1 日	6 月 10～20 日	6 月 21 日至 7 月 1 日	7 月 5～15 日	7 月 20～31 日	8 月 1～10 日	8 月 15～20 日	8 月 21 日至 9 月 1 日
施肥量（千克/亩）	尿素	0	6	8	10	10	8	6	0
	磷酸一铵	0	2	3	4	4	3	1	0
	氯化钾（或者硫酸钾）	0	3	5	5	5	3	1	0

五、配套栽培措施

1. 防治地下害虫

采用种子包衣或每亩用 50%辛硫磷乳油 200～250 克加细土 25～30千克拌匀后顺垄条施，或用 3%辛硫磷粒剂 4 千克与细沙混合后条施防治地下害虫。

2. 苗期害虫防控

苗期害虫以防治黑绒金龟子、灰象甲为主。每亩用 20%氯虫苯甲酰胺 60～80 毫升或 1%甲维盐 10～12 毫升或用 20%毒·高氯乳油80～90毫升或 6%阿维·高氯 20～25 毫升喷雾。

3. 防治玉米螟

大喇叭口期用杀螟灵 1 号颗粒剂、3%辛硫磷颗粒剂、毒·氯颗粒剂 750～1 000 克/亩在大喇叭口期撒入新叶内防治玉米螟。赤眼蜂防治：当田间百株玉米有 1～2 块玉米螟卵块时开始第一次放蜂，5～6 天后放第二次蜂，两次放蜂总量每亩 1.5 万～2万头。

4. 田间管理

(1) 苗期管理（出苗—拔节） 玉米苗期是长根、增叶、茎叶分化的营养生长阶段，决定玉米的叶片和节数。到拔节期，基本上形成了强大的根系，叶片是地上部分生长的中心。因此，管理的重点是促进根系发育、培育壮苗，达到苗早、苗足、苗齐、苗壮的“四苗”要求。

查苗、补苗、定苗，及时放苗，防止烧苗，确保全苗。3～5 叶期定苗，去弱苗留壮苗，如果发现缺苗，就近留双株。

(2) 中期管理（拔节—抽雄） 玉米拔节后，茎节间迅速伸长、叶片增大、根系继续扩展，雌穗和雄穗分化形成，由营养生长转向营养和生殖生长并进时期。因此，管理的重点是促进叶面积增大，特别是中上部叶片，促进茎秆粗壮。此期要注意防治玉米顶腐病、瘤黑粉病、玉米螟等。

(3) 后期管理（抽雄—成熟） 玉米后期以生殖生长为中心，是决定穗粒数和粒重的时期。管理的重点是防早衰、增粒重、防病虫。保护叶片，提高光合强度，延长光合时间，促进粒多、粒重。肥力高的地块一般不追肥以防贪青。

5. 收获

当玉米苞叶变黄、叶色变淡、籽粒变硬有光泽，而茎秆仍呈青绿色、水分含量在 70% 以上时及时收获。根据实际需求选用根茬还田型、秸秆回收型自走式玉米联合收割机收获。收获后及时晾晒，防止淋雨受潮导致籽粒霉变，待充分干燥水分含量降至 13%

以下后脱粒贮藏或销售。收获后用根茬残膜回收机或茬地残膜回收机清除残膜，减少残膜污染。

模式 4　滴灌甜菜水肥一体化技术模式

一、适用范围

本规程适用于北疆地区滴灌甜菜种植的灌溉管理。

二、主要技术指标

1. 品种选择

结合新疆天山北坡经济带的自然条件和土壤特性等，选用抗病性强、丰产性好偏高糖型品种：KWS9103、KWS5075、BETA866、BETA356 和 ST14991 等。

2. 选地与轮作

（1）选择地势平坦、土层深厚、黏度适中、pH 在 7.0～7.5 微碱性的沙土、壤土或轻黏土，土壤有机质含量 1%以上，碱解氮含量 50～100 毫克/千克，有效磷含量 10～20 毫克/千克，速效钾含量 150～200 毫克/千克。

（2）严禁重茬和迎茬，选择小麦、燕麦等禾本科作物或瓜类茬口种植甜菜，实行 4 年以上轮作。避免选择打过除草剂（如豆磺隆、普施特等）的黄豆茬。新疆适用于甜菜的轮作方式有：甜菜→油菜（胡麻）→小麦→瓜，甜菜→小麦→豆类→瓜，甜菜→豆类→棉花→小麦。

3. 播前整地

（1）秋耕　在前一年 10 月末，对第 2 年将要种甜菜的地进行高质量的深耕整地，耕深 25～30 厘米，全层施基肥，一般每亩施尿素 10 千克、磷酸二铵 20 千克，随耕随施。

（2）开春及时适墒整地　整地质量达到“墒、松、平、碎、净、齐”六字标准。播种前 3～4 天，每亩用 96%的金都尔 70～80 克兑水 30～40 千克，边喷边耙，耙深 3～4 厘米，以防除杂草。

4. 滴灌系统布置及管理

毛管布置采用按照设计压力运行，严格按照滴灌系统设计的轮灌方式灌水，当一个轮灌小区灌溉结束后，先开启下一个轮灌组，再关闭当前轮灌组，谨记先开后关，严禁先关后开，以保证系统正常工作。一般情况下，灌溉定额 320～350 米^3/亩 [如进行冬（春）灌，灌溉定额增加 100 米^3/亩]，生育期灌水 11～12 次，灌溉周期为 8～15 天。

5. 生育进程

播种期：4 月中旬至 4 月下旬；苗期：4 月下旬至 6 月上中旬；叶丛繁茂增长期：6 月中旬至 7 月中旬；块根膨大期：7 月中旬至 8 月下旬；糖分积累期：8 月下旬至 9 月下旬。

6. 栽培模式及群体指标

栽培模式为 50 厘米×50 厘米等行距，株距 16～21 厘米，1 膜 1 管 2 行，每亩保苗 6 000～7 000 株，每亩收获株数 6 000～6 500 株，平均单株块根重 0.8～1.2 千克，块根含糖率 15%～16%，亩产 6 000 千克以上。

三、灌溉制度

1. 播种至出苗期

播种期在 3 月下旬至 4 月上中旬，开春后连续 5 天地表 5 厘米地温稳定在 5℃以上时可以进行播种。多粒种播种量为 0.5～0.7 千克/亩，单粒种播种量为 0.3～0.4 千克/亩，播种深度 2.5～3 厘米。采用干播湿出的，根据天气情况适时滴水出苗，灌水定额 30 米^3/亩左右。

2. 苗期

4 中下旬至 6 月上中旬以蹲苗为主，现行和定苗后适时中耕除草各一次，推迟灌头水时间；如遇高温干旱天气，可补水一次，灌水量以 10～15 米^3/亩为宜。

3. 叶丛繁茂增长期

6 月上中旬至 7 月中旬，一般灌水总量为 100～110 米^3/亩，通常滴水 3 次，灌水周期 8～10 天，灌水定额为 30～35 米^3/亩，头水可增加 5～10 米^3/亩。

4. 块根膨大期

7 月中旬至 8 月下旬，一般灌水总量为 120～140 米^3/亩，通常滴水 4 次，灌水周期 8～10 天，灌水定额为 35～40 米^3/亩。

5. 糖分积累期

8 月下旬至 9 月下旬，一般灌水总量为 85～90 米^3/亩，通常滴水 3 次，灌水周期 12～15 天，灌水定额为 25～35 米^3/亩。

6. 灌溉制度表

新疆天山北坡经济带滴灌甜菜适宜灌溉制度如下。

甜菜灌溉制度（米^3/亩）

生育期	灌水时间	灌水次数	灌水定额	阶段定额
播种	4 月中下旬	1	30	30
苗期	4 下旬至 6 月上中旬	干旱高温天气可补水一次	10～15	10～15
叶丛繁茂增长期	6 月上中旬至 7 月上旬	3	30～40	100～110
块根膨大期	7 月中旬至 8 月中旬	4	30～35	120～140
糖分积累期	8 月下旬至 9 月下旬	3	25～35	85～90

四、施肥方案

1. 施肥量

中等肥力条件下的高产施肥量为 N：16～18 千克/亩，P_2O_5：10～12 千克/亩，K_2O：12～13.5 千克/亩。

2. 施肥方案

种肥：N（3 千克/亩）+P_2O_5（5 千克/亩）；追肥：N（13～

15 千克/亩），P_2O_5（5～7 千克/亩），K_2O（12～13.5 千克/亩）。各次追肥比例如下。

甜菜各次追肥比例

施肥次/时期	氮比例（%）	磷比例（%）	钾比例（%）
①苗期	10	7	5
②叶丛繁茂期	10	7	5
③叶丛繁茂期	10	7	5
④叶丛繁茂期	10	7	10
⑤块茎膨大期	10	7	10
⑥块茎膨大期	10	10	10
⑦块茎膨大期	10	10	10
⑧块茎膨大期	10	15	15
⑨糖分积累期	10	15	15
⑩糖分积累期	10	15	15

五、配套栽培措施

1. 种子质量与处理

选择植株叶片紧凑、青头小、适宜甜菜机械化种植、抗病性较强的品种，种子质量达到 GB 19176—2010 中的甜菜良种指标。

2. 间定苗

多粒种两对真叶时间苗，每穴留苗 2～3 株；间苗后 10 天左右进行定苗。间苗、定苗时，要除去弱苗、病苗、虫害苗，留下壮苗，不留靠苗、双苗。结合定苗，将幼苗周围的杂草除掉并适当培土。精量点播种植单粒种不需要间定苗。

3. 病虫害防治

甜菜主要病害有褐斑病、白粉病和根腐病，发病初期可选用 50%多菌灵 500 倍液或 72%甲基硫菌灵 800 倍液或 20%禾本卡克 50 克/亩或 10%世高 2 000 倍液进行叶面喷雾，连续 3 次，间隔期

10～15天，农药要交替使用。

甜菜主要虫害有甜菜象甲、地老虎、甜菜茎象甲、三叶草夜蛾、甘蓝夜蛾和红蜘蛛等。

（1）甜菜象甲虫　在虫害发生初期，每亩用10毫升20%氯虫苯甲酰胺悬浮剂750倍液或30毫升10%阿维·氟酰胺悬浮剂1 500倍液进行均匀喷雾。

（2）地老虎　用90%晶体敌百虫1千克，拌100千克麸皮或油渣制成毒饵，用量2～3千克/亩，傍晚施于地表进行诱杀；用50%辛硫磷600～700倍液喷洒。

（3）甘蓝夜蛾　糖浆诱杀（糖蜜、醋、酒、水比例为6∶3∶1∶10配合拌匀，再加入适量的杀虫剂即可）；采用2.5%溴氰菊酯乳油2 500倍液或10%氯氰菊酯2 000倍液或20%除虫菊酯或20%杀灭菌酯2 000倍液，用药液量50千克/亩。

（4）红蜘蛛　用73%克螨特乳油或15%哒螨灵乳油800～1 000倍液进行喷施，连续防治2～3次，交替喷施。

4. 收获

在收净滴灌带和清理完田间杂草后，采用甜菜专用收获机，打叶、削顶、起拔、卷起、分离和集箱收获一次性流水作业。小面积收获，可选择具有打叶、削顶、起拔、集堆和自动集箱功能的分段式牵引机械进行作业。

模式5　滴灌加工番茄水肥一体化技术模式

一、适用范围

本规程适用于北疆育苗移栽加工番茄应用膜下滴灌技术进行水肥一体化管理。

二、主要技术指标

1. 品种选择

结合新疆天山北坡经济带的自然条件和土壤特性等，选用耐热、抗早衰、抗早疫病和耐叶霉病，后期连续坐果能力强的品种：金番1612/1605/3166和屯河9号等。

2. 栽培模式及群体指标

加工番茄种植模式为育苗移栽，行距30～40厘米，株距25～30厘米，1膜2管4行，每亩保苗2 600～2 800株，平均单果重0.6～0.9千克，单株果重4～7千克，人工采收或机械采收两种方式，亩产9 000千克以上。

3. 支毛管铺设和试运行

（1）毛管铺设　在当年加工番茄育苗移栽前，按照滴灌工程设计的滴灌带规格和数量购置滴灌带，通过加工番茄铺膜机一次完成铺带、覆膜、覆土、镇压工作。

（2）支管安装　在完成加工番茄铺带、覆膜、播种工作后，采用地表PE支管（硬或软管）的，取出PE支管，经检查无破损后，按照其在滴灌系统中位置铺设安装，然后与分干管和滴灌带连接。

（3）系统试运行　开启水泵，检查滴灌系统工作是否正常，若有漏水现象或其他问题应及时处理，逐级冲洗各级管道，使滴灌系统处于待运行状态。

4. 灌溉管理

严格按照滴灌系统设计的轮灌方式灌水，当一个轮灌小区灌溉结束后，先开启下一个轮灌组，再关闭当前轮灌组，谨记先开后关，严禁先关后开。应按照设计压力运行，以保证系统正常工作。不同区域和不同土壤质地条件下灌溉制度存在较大差异。一般情况下，北疆地区全生育期滴灌10～12次，灌溉定额3 600～4 050（米^3/公顷）（5 400～6 075毫米）。

三、灌溉制度

1. 苗期

北疆4月下旬至5月初进行移栽定植。移栽后滴缓苗水，灌水定额150米^3/公顷（225毫米）。

2. 开花—坐果初期

根据土壤墒情和苗势适时补水，北疆地区灌水 2 次，灌水定额 150 米^3/公顷（225 毫米）。第一水根据土壤墒情和加工番茄长势适时滴水。

3. 盛果期　20%果实成熟

这一阶段是植株生长高峰期，需要充足的水分。北疆地区灌水总量 1 650 米^3/公顷（2 475 毫米），灌水 5 次，灌水周期 5～7 天，灌水定额 225～375 米^3/公顷（337.5～562.5 毫米）。灌溉次数及灌水定额根据气象、土壤、作物生长因素酌情调控。

4. 成熟前期—采收前

加工番茄对水分的需求逐渐降低，但仍然维持较高的灌溉水平。北疆地区灌水总量 1 650 米^3/公顷（2 475 毫米），通常滴水 4 次，灌水周期 5～7 天。进行机械采收前将支管、毛管回收，以便机械采收。采收前一周（7 天）停止灌水。加工番茄从移栽时间和生育期长度上分为早熟、中熟、晚熟，北疆地区中高产条件下的适宜灌溉制度如下。

北疆膜下滴灌加工番茄灌溉制度

生育期	生育阶段	早熟	中熟	晚熟	灌水定额［米^3/公顷（毫米）］
苗期	缓苗水	5 月 15 日	5 月 25 日	6 月 1 日	150（225）
花期	始花期	5 月 25 日	6 月 4 日	6 月 10 日	150（225）
	盛花期	6 月 5 日	6 月 14 日	6 月 20 日	150（225）
坐果期	初果期	6 月 11 日	6 月 20 日	6 月 26 日	225（337.5）
	盛果期	6 月 17 日	6 月 26 日	7 月 1 日	300（450）
	1 厘米果实	6 月 23 日	7 月 2 日	7 月 7 日	375（562.5）
	2 厘米果实	6 月 28 日	7 月 8 日	7 月 13 日	375（562.5）
	3 厘米果实	7 月 3 日	7 月 13 日	7 月 18 日	375（562.5）

（续）

生育期	生育阶段	早熟	中熟	晚熟	灌水定额［米^3/公顷（毫米）］
成熟期	始熟期	7月9日	7月19日	7月24日	375（562.5）
	少量转色	7月14日	7月24日	7月29日	300（450）
	成熟10%	7月19日	7月29日	8月3日	300（450）
	成熟20%	7月24日	8月3日	8月12日	300（450）
成熟期	成熟50%	8月1日	8月11日	8月22日	225（337.5）
	成熟80%	8月10日	8月20日	9月1日	150（225）

四、施肥管理

1. 基本原则

通常依据种植加工番茄地块的土壤肥力状况和肥效反应，确定目标产量和施肥量，加工番茄的施肥应采用有机、无机相结合的原则，同时要注意施肥技术与高产优质栽培技术相结合，尤其要重视水肥联合调控。

2. 土壤肥力分级

农田土壤氮水平以土壤碱解氮含量高低来衡量，即小于40毫克/千克、40～100毫克/千克、大于100毫克/千克分别为低、中、高水平；土壤磷水平以土壤有效磷含量高低来衡量，即小于6毫克/千克、6～20毫克/千克、大于20毫克/千克分别为低、中、高水平；土壤钾水平以土壤速效钾含量高低来衡量，即小于90毫克/千克、90～180毫克/千克、大于180毫克/千克分别为低、中、高水平。

3. 基肥

在加工番茄移栽、耕翻前施入30～45吨/公顷腐熟农家肥，将加工番茄全生育期需要的全部的磷肥、钾肥以及氮肥用量的20%混匀后撒施，再将15～22.5千克/公顷的微肥硫酸锌与2～3千克细土充分混匀后撒施，然后将撒施基肥实施耕层深施。

加工番茄施肥推荐量及基肥用量（千克/公顷）

肥力水平	氮肥总量 N	基肥		
		N	P_2O_5	K_2O
高	180～225	36～45	90～120	30～60
中	225～270	45～54	120～150	60～90
低	270～315	54～60	150～180	90～120

注：可供使用的化肥养分含量为：尿素 46%N；三料磷肥 46%P_2O_5；磷酸二铵 46%P_2O_5，18%N；硫酸钾 33%K_2O；氯化钾 60%K_2O。

4. 追肥

在加工番茄生长过程中，将剩余的 80%氮肥分 6 次分别在初花期、盛花期、初果期、1 厘米果期、始熟期、成熟 20%果期灌水时随水滴入氮肥，以保证加工番茄高产对氮素营养的需要。

加工番茄追施尿素推荐量（千克/公顷）

肥力水平	初花期 第一次	盛花期 第二次	初果期 第三次	1 厘米果期 第四次	始熟期 第五次	成熟 20%果期 第六次
高	37.5～48.75	37.5～48.75	60～75	60～75	60～75	60～75
中	48.75～60	48.75～60	75～87.45	75～87.45	75～87.45	67.5～82.5
低	60～67.5	60～67.5	87.45～97.5	87.45～97.5	87.45～97.5	82.5～105

五、配套栽培措施

1. 栽培要求

种植加工番茄要严格执行轮作制，土壤肥力中上，土层厚度 50～60 厘米，土壤含盐量 0.5%以下，pH7～8，前茬以小麦、甜菜、玉米、棉花均可，在前作收获后需要及时进行灭茬施肥秋翻。

2. 育苗

种植户可根据气候、墒情、机械准备情况，2 月下旬 3 月上旬（南疆和东疆）或 3 月上旬（北疆地区）进行温室播种、育苗。播种前应对种子进行消毒和灭菌处理。

3. 定苗

加工番茄幼苗在3～4片真叶、株高15厘米左右、茎粗4厘米左右、茎秆发紫、根系较多能包裹住基质时进行移栽，每亩留苗密度根据品种及土壤肥力情况而定，一般不超过2 900株；适时中耕，第一水根据土壤墒情和加工番茄长势适时滴水，适当蹲苗促进加工番茄根系发达，培育壮苗。

4. 顺秧

从7月初开始，将植株往两边分，10天分1次，分2～3次。分秧时将倒入沟内的植株扶上垄背，把植株顺着转一下，使果实及没见光的茎叶覆盖在见光的老叶上，保持植株间有缝隙，不互相挤压，植株不折断。

5. 病虫害防治

（1）病害防治

①育苗期猝倒病、茎基腐病和早疫病防治。以预防为主，出现病害时，喷洒恶霉灵、代森锰锌等保护性药剂。

②脐腐病防治。用1%的过磷酸钙溶液在花期叶面喷施。隔7～10天喷一次，连喷1～2次。

③茎基腐病防治。喷洒72%普力克800倍液或25%的瑞毒霉800倍液。

④番茄晚疫病防治。喷洒50%安克可湿性粉剂450～600克/（次·公顷），稀释倍数2 000～3 000倍，或50%克露可湿性粉剂600～750克/（次·公顷），稀释倍数600～800倍。

⑤绵疫病防治。喷洒72%普力克800倍液，70%乙磷铝·锰锌800倍液或25%的瑞毒霉800倍液。

⑥叶霉病防治。喷洒72%杜邦克露800倍或50%速克灵1 500倍稀释液。

（2）虫害防治

①棉铃虫的防治。

农业防治：秋耕冬灌，消灭越冬蛹，降低越冬虫口基数。可种植玉米诱集带，集中诱杀棉铃虫；及时摘除虫果，尽量降低虫口基数。

化学防治：6 月中旬，在棉铃虫 1～2 龄幼虫期，应用 BT 可湿性粉剂 400～600 倍液、2.5％溴氰菊酯乳油 2 000～3 000 倍液、2.5％功夫乳油 2 000 倍液，轮换应用，在产卵高峰期和幼虫孵化高峰期施药，集中诱杀棉铃虫。

物理防治：6 月中下旬为棉铃虫产卵盛期，可采用黑光灯和杨柳枝把诱杀成虫，统一带出田外，集中焚烧。

②地老虎的防治。

农业防治：实行秋翻冬灌，消灭越冬虫蛹。4 月中下旬在地老虎幼虫化蛹期，铲埂除蛹。

化学防治：在苗期、花期和结果期应用 90％敌百虫 300 倍液灌根防治。

物理防治：5 月上旬，在番茄地边悬挂黑光灯诱杀成虫。用 90％敌百虫混拌炒香麸皮或油渣，按 1∶100 比例制成毒饵，撒在植株根部附近诱杀地老虎幼虫。

六、其他

（1）认真做好灌溉与施肥量的记录，记录每次灌水、施肥的时间、用量、肥料种类。

（2）详细记录主要栽培措施的实施时间、技术措施、用量。

（3）统计并记录各田块的产量及品质指标。

（4）每隔三年，在加工番茄收获后取土测定农田 0～20 厘米土层的土壤养分和盐分，确定土壤的肥力等级、施肥量、冬灌水量。

硫酸铵

氯化铵

尿　素

γ-氨基丁酸

腐殖酸尿素

海藻酸生产车间与生产设备

聚合物网式过滤器

砂石过滤器

水肥一体化固液两用施肥机

水肥一体化灌溉工程控制阀

小型离心式过滤器

液体肥智能施肥机

播种后水肥一体化试验田

滴灌玉米试验田

滴灌水肥一体化玉米蹲苗期

滴灌玉米试验小区